高等职业教育机电类专业系列教材

机电产品创新设计与创业

主编　陶松桥　杜　娟　段少丽

参编　万　丽　谭　娟

主审　刘　依

机械工业出版社

本书是一本面向机电类专业大学生的创新创业教育用书。本书结合机电类专业的特点，系统地阐述了 TRIZ 发明问题解决理论、机械创新设计理论，以及与创新创业活动相关的知识和规律，以培养机电类专业大学生的创新意识和创业能力。全书共 9 章，具体包括 TRIZ 发明问题解决理论、机械创新设计、工科专业创业就业的特征研究、工科专业学生创新能力的培养、工科专业创业发展情况研究分析、机电产品的研究与分析、创新创业项目的培育和孵化、创业项目技术情况分析和创业商业模式分析与选择。

本书可作为高等院校及高职高专机电类专业的教材，也可作为企业继续教育的培训教材，还可作为拓宽视野、增长知识的自学用书。

本书配有电子课件，凡使用本书作教材的教师可登录机械工业出版社教育服务网（http://www.cmpedu.com），注册后免费下载。咨询电话：010-88379375。

图书在版编目（CIP）数据

机电产品创新设计与创业/陶松桥，杜娟，段少丽主编. —北京：机械工业出版社，2018.12（2023.12 重印）
高等职业教育机电类专业系列教材
ISBN 978-7-111-61630-6

Ⅰ.①机… Ⅱ.①陶… ②杜… ③段… Ⅲ.①机电设备-产品设计-高等职业教育-教材 Ⅳ.①TB472

中国版本图书馆 CIP 数据核字（2018）第 300793 号

机械工业出版社（北京市百万庄大街 22 号　邮政编码 100037）
策划编辑：王英杰　　　　责任编辑：王英杰　武　晋
责任校对：张　力　潘　蕊　封面设计：张　静
责任印制：常天培
北京中科印刷有限公司印刷
2023 年 12 月第 1 版第 6 次印刷
184mm×260mm·9.75 印张·237 千字
标准书号：ISBN 978-7-111-61630-6
定价：27.00 元

电话服务　　　　　　　　　网络服务
客服电话：010-88361066　　机　工　官　网：www.cmpbook.com
　　　　　010-88379833　　机　工　官　博：weibo.com/cmp1952
　　　　　010-68326294　　金　书　网：www.golden-book.com
封底无防伪标均为盗版　　机工教育服务网：www.cmpedu.com

前　言

　　大学生是大众创业、万众创新的重要参与力量。《国务院办公厅关于深化高等学校创新创业教育改革的实施意见》（国办发［2015］36号）明确指出：深化高等学校创新创业教育改革，是国家实施创新驱动发展战略、促进经济提质增效升级的迫切需要，是推进高等教育综合改革、促进高校毕业生更高质量创业就业的重要举措。各高校要根据人才培养定位和创新创业教育目标要求，促进专业教育与创新创业教育有机融合，调整专业课程设置，挖掘和充实各类专业课程的创新创业教育资源，在传授专业知识过程中加强创新创业教育。在此背景下，各高等院校加大了创新创业教育力度，开设了创新创业课程，增加了创新创业学分，将创新创业教育融入人才培养全过程。然而，现有的创新创业教材内容大多是针对创新创业的通识教育而编写的，创新创业教育缺少与专业教育的有机融合。为弥补上述缺陷，促进机电类专业教育与创新创业教育的有机融合，我们编写了这本《机电产品创新设计与创业》教材。

　　本书结合机电类专业大学生群体的实际特点，帮助机电类专业大学生了解和掌握发明问题解决理论、机械创新设计理论，以及与创新创业活动相关的知识和规律，以培养其创新意识和创业能力。本书具有知识新颖、内容丰富、贴近实际、注重素质培养和能力提升等特点。本书的编写遵循"实用、实际和实效"的"三实"原则，精选教学内容。教师可根据教学对象和授课学时不同，灵活选择相关内容，进行重点讲解。

　　本书由陶松桥、杜娟和段少丽任主编。本书共9章，由陶松桥总体策划。本书编写分工如下：陶松桥编写第1、2章；杜娟编写第3、5和8章；段少丽编写第4、6和7章；万丽编写第9章；谭娟参与了文字编辑工作。全书最后由陶松桥统稿。

　　刘依博士审阅了本书，并提出了许多宝贵的意见和建议，在此深表感谢！

　　由于受时间、资料和编者水平及其他条件限制，书中难免存在一些不足之处，恳请同行专家及读者批评指正。

　　本书在编写过程中，参考了有关的教材、论著和期刊等，限于篇幅，恕不一一列出，特此说明并致谢。因各种条件所限，未能与有关编著者取得联系，引用与理解不当之处，敬请谅解！

编　者

目　录

第1章

TRIZ发明问题解决理论

人类历史就是一部创造发明史。人类是如何进行发明创造的呢？显然，早期人类都是根据长期生产和生活经验的积累，发明创造简单的工具。直到大发明家爱迪生时代，发明创造也没有形成科学的理论和方法。爱迪生采用的是试错法，他用了 7000 多种金属和非金属材料进行大量试验后，才找到一种满意的灯丝材料。他花费了很长时间，当然也消耗了大量人力和财力。人们长期以来一直都采用这种试错法，消耗或消费大量的物质和时间。直到近代，西方国家才从科技发展的创造发明中，总结出以直觉、灵感、想象和顿悟等非逻辑思维为主导的欧美创造学。但它们都具有很大的局限性，缺乏普遍应用意义。那么，人类创造发明是否存在普遍的客观规律可循，就像一个计算公式，一步一步算下去，最后就能得到创造发明的结果呢？这是一个非常重要的问题。答案是肯定的，这就是本章要介绍的技术创新方法 TRIZ，它就是具有普遍意义、具有客观规律可循的创新方法。但是，TRIZ 原理非常抽象难懂，不易学习。

1.1　TRIZ 概述

1.1.1　TRIZ 是什么

"发明问题解决理论"的俄文缩写 ТРИЭ，按照 ISO 国际标准规定，对应地转换成拉丁字母就是 TRIZ。它是解决发明问题的理论、方法、工具和程序。它主要用于解决技术系统中的矛盾，实现创新，推动技术系统的发展。作为一种独特的技术创新方法，TRIZ 诞生于苏联。创始人阿奇舒勒（Alsthuller）从 1946 年开始研发 TRIZ，经过几十年的发展，TRIZ 逐步形成了比较完整的理论体系。

TRIZ 包含了两个方面的基本含义：表面的意思是强调解决实际问题，特别是发明问题；隐含的意思是由解决发明问题而最终实现技术和管理创新，其解决问题就是要实现发明的实用化，这符合创新的基本定义。

国际著名的 TRIZ 专家 Savransky 博士给出 TRIZ 的定义是：TRIZ 是基于知识的、面向设计者的创新问题解决系统化方法学。

1. TRIZ 是基于知识的方法

1）TRIZ 是发明问题解决启发式方法的知识。这些知识是从全世界范围内的专利中抽象出来的，TRIZ 仅采用为数不多的基于产品进化趋势的客观启发式方法。

2）TRIZ 大量采用自然科学及工程中的效应知识。

3）TRIZ 利用出现问题领域的知识。这些知识包括技术本身、相似或相反的技术或过程、环境、发展及进化。

2. TRIZ 是面向设计者而不是面向机器的方法

TRIZ 理论本身是基于将系统分解为子系统,区分有益及有害功能的实践。这些分解取决于问题及环境,其本身就有随机性。计算机软件仅起支持作用,而不能完全代替设计者。需要为处理这些随机问题的设计者提供方法与工具。

3. TRIZ 是系统化的方法

1)在 TRIZ 中,问题的分析采用了通用及详细的模型,该模型中问题的系统化知识是重要的。

2)解决问题的过程是一个系统化的、能方便应用已有知识的过程。

4. TRIZ 是发明问题解决理论

1)为了取得创新解,需要解决设计中的冲突,但解决冲突的某些步骤是不知道的。

2)未知的解往往可以被虚构的理想解代替。

3)通常理想解可通过环境或系统本身的资源获得。

4)通常理想解可通过已知的系统进化趋势推断获得。

1.1.2 TRIZ 解决了无数技术难题

近几十年来,TRIZ 为苏联及俄罗斯、美国、日本、韩国和新加坡等许多发达国家解决了无数看似无法解决的技术难题。一些跨国大公司如波音公司、福特汽车公司、通用汽车公司、三星电子、戴姆勒-克莱斯勒公司和摩托罗拉公司等,在新产品开发中运用 TRIZ 取得了成功。

三星电子是运用 TRIZ 取得成功的典范。在 1991 年,三星电子还是一家濒临倒闭的公司。其领导人高瞻远瞩,聘请了一批俄罗斯 TRIZ 专家,成立三星 TRIZ 协会,大力开展 TRIZ 培训,硕果累累,专利丛生。在 2004 年,三星电子采用 TRIZ 进行 67 个项目研发,申请了 52 项专利,节约相关成本 1.5 亿美元。一项创新技术能够产生如此大的影响,是非常罕见的。在 2005 年,三星电子的产值和利润全面超过索尼。到 2006 年,三星电子已经成长为全球最大的电子公司,日本所有的电子公司都被它甩到了后面。三星电子是应用 TRIZ 获得成功的典范。下面给出了三星电子运用 TRIZ 取得成功的三个典型案例。

1)三星电子是世界一流的等离子彩电研发者和生产者。它运用 TRIZ 解决了某个技术难题,使电压降低 10%,亮度提高 42%。

2)应用 TRIZ 的 40 个创新原理中的分割原理,将笔记本式计算机的显示器分割开来,彻底地解决了笔记本式计算机显示屏大、携带不方便的难题,为笔记本式计算机的发展抢占了先机。

3)根据 TRIZ 理想化原则,将 DVD 播放器中的 CD 和 DVD 两个激光头合并为一个激光头,研发出双波长的激光二极管,使结构大大简化,降低了成本,提高了竞争力。

波音公司运用 TRIZ 突破了关键技术。在 2001 年,波音公司邀请 25 名俄罗斯 TRIZ 专家对 450 名工程师开展为期两周的 TRIZ 培训。该公司运用 TRIZ 突破了波音 767 空中加油机关键技术的研发瓶颈,大大缩短了研发周期。它战胜空客公司,赢得了 1.5 亿美元的空中加油机订单。波音公司还运用 TRIZ 成功地解决了波音 737 改进型飞机的发动机罩外形问题。

美国福特汽车公司运用 TRIZ 成功地解决了某款车的转向盘颤抖问题。运用 TRIZ 后,该公司每年创造的效益大约在1亿美元以上。

1.2 TRIZ 的主要内容

德国的 Beitz 和 Pahl 将设计分为新设计、适应性设计和变参数设计三种类型。新设计的核心是在概念设计阶段产生一个全新的原理解，以满足给定的设计要求；适应性设计的核心是对已有产品的工作原理做适当改进，以满足产品新的需求；变参数设计是不改变已有产品的工作原理，而是对其某些零部件进行改进设计。这三类设计实际上可以归并为两类，即新设计与改进设计。新设计是产生新的工作原理，并将其实现的设计；改进设计是对已有产品的改进。作为一种方法学，TRIZ 对新设计与改进设计在概念设计阶段为设计者提供了过程模型、工具与方法。

1. 产品进化理论

TRIZ 中的产品进化理论将产品进化过程分为婴儿期、成长期、成熟期和退出期四个阶段。处于婴儿期和成长期的产品，企业应加大投入，尽快使其进入成熟期，以便获得最大效益；处于成熟期的产品，企业应对其替代技术进行研究，使产品取得新的替代技术，以应对未来的市场竞争；处于退出期的产品导致企业利润急剧降低，应该尽快淘汰。这些可以为企业产品规划提供具体和科学的支持。产品进化理论还研究产品进化模式、进化定律与进化路线。沿着这些路线，设计者可以较快地取得设计突破。

2. 分析

分析是解决问题的一个重要阶段。TRIZ 的分析工具包括产品的功能分析、理想解（Ideal Final Result，IFR）的确定、可用资源分析和冲突区域的确定。

功能分析是从完成功能的角度，而不是从技术的角度来分析系统、子系统和部件。其裁剪（trimming）分析过程，主要研究每一个功能是否必需。如果必需，系统中的其他元件是否可以完成该功能。成功的功能分析或有效的裁剪结果，能够使设计获得重要突破，显著降低产品成本或结构复杂度。

如果在分析阶段问题的解已经找到，就可以转移到实现阶段。如果问题的解没有找到，且其问题解需要最大程度的创新，可以运用原理、预测和效应等基于知识的工具来解决。

3. 冲突解决原理

原理是获得冲突解所应遵循的一般规律。TRIZ 主要研究技术与物理两种冲突。技术冲突是指在设计过程中，由于系统本身某一部分的影响，所需要的状态不能达到。物理冲突指一个物体有相反的需求。TRIZ 引导设计者挑选能解决特定冲突的原理，其前提是要按标准参数确定冲突。有 39×39 条标准冲突和 40 条原理可供应用。

4. 物质-场分析

阿奇舒勒对发明问题解决理论的贡献之一是提出了功能的物质-场（substance-field）描述方法与模型。其基本原理为：所有的功能都可分解为两种物质和一种场，即一种功能由两种物质及一种场的三元件组成。产品是功能的一种实现。物质-场是 TRIZ 的工具之一，可用于分析产品的功能。图 1-1 所示为物质-场模型。

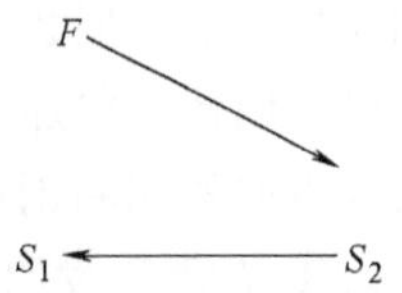

在图 1-1 中，S_1 和 S_2 分别表示物质，F 表示场。物质 S_1 可以是被控

图 1-1 物质-场模型

粒子、材料、物体或过程，物质 S_2 是控制 S_1 的工具或物体，场 F 是 S_1 与 S_2 之间相互作用的能量，如机械能、液压能和电磁能等。图 1-1 可解释为：能量 F 作用于工具 S_2，使 S_2 变为 S_1。

依据该模型，阿奇舒勒等提出了 76 种标准解，并将其归纳为以下五种类型：

① 不改变或仅少量改变已有系统，有 13 种标准解。

② 改变已有系统，有 23 种标准解。

③ 系统传递，有 6 种标准解。

④ 检查与测量，有 17 种标准解。

⑤ 简化与改善策略，有 17 种标准解。

新概念是将已有系统的特定问题，由标准解变为特定解。

5. 效应

效应指应用本领域，特别是其他领域的有关定律来解决设计中的问题，如采用数学、化学、生物和电子等领域中的原理来解决机械设计中的创新问题。

6. 发明问题解决算法 ARIZ（Algorithm for Inventive- Problem Solving）

TRIZ 认为，一个问题解决的难易程度主要取决于对该问题的描述或程式化方法。描述得越清楚，问题的解就越容易找到。在 TRIZ 中，发明问题求解的过程是对问题不断描述和不断程式化的过程，由 ARIZ 算法来实现。经过这一过程，初始问题最根本的冲突清楚地暴露出来，能否求解已经很清楚。如果运用已有的知识能够解决该问题，则有解；如果运用已有的知识不能解决该问题，则无解。这就需要等待自然科学或技术的进一步发展来解决。

ARIZ 是 TRIZ 的一种主要工具，是发明问题解决的完整算法。它采用一套逻辑过程逐步将初始问题程式化；它特别强调冲突与理想解的程式化，一方面技术系统向着理想解的方向进化，另一方面如果一个技术问题存在冲突需要克服，该问题就变成了一个创新问题。

在 ARIZ 中，冲突的消除由强大的效应知识库支持。效应知识库包含物理、化学或几何等效应。作为一种规则，经过分析与效应的应用后，如果问题仍然无法解决，则认为初始问题定义有误，需对问题进行更一般化的定义。

应用 ARIZ 取得成功的关键在于没有理解问题的本质前，要不断地对问题进行细化，直到确定物理冲突。该过程及物理冲突的求解已经有软件的支持。

1.3 TRIZ 的核心思想

阿奇舒勒发现，技术系统进化过程不是随机的，而是有客观规律可以遵循的，这种规律在不同领域反复出现。在阿奇舒勒看来，人们在解决发明问题的过程中，所遵循的科学原理和技术进化法则是一种客观存在。大量发明所面临的基本问题是相同的，其所需要解决的矛盾（在 TRIZ 中称为技术矛盾和物理矛盾），从本质上说也是相同的。同样的技术创新原理和相应的解决问题方案，会在后来的一次次发明中被反复应用，只是被应用的技术领域不同而已。因此，将那些已有的知识进行整理和重组，形成一套系统化的理论，就可以用来指导后来者的发明和创造。TRIZ 的核心思想可以概括为以下五点：

① 在解决发明问题的实践中，人们遇到的各种矛盾以及相应的解决方案总是反复出现的。

② 用来彻底而不是折中解决技术矛盾的创新原理和方法，其数量并不多，一般科技人员都可以学习和掌握。

③ 解决本领域技术问题的最有效原理与方法，往往来自其他领域的科学知识。

④技术系统的进化遵循客观规律，并以提高自身的理想度（用尽可能少的资源实现尽可能多的有用功能）为进化目标。

⑤ 人是技术系统（或称人工物理世界）进化的主体，技术系统的进化是为人服务的。

TRIZ 帮助人在技术系统的进化过程中，突破思维定式，提升自身和组织的创新思维能力，推动技术系统进化。

1.4　产品进化过程及进化定律

1.4.1　概述

从历史的观点研究某类产品，如汽车、计算机、自行车和机床等，会发现这些产品现在的实现形式与其刚诞生时相比，已经有很大的或根本性的变化。但是，这些产品的主要功能并没有发生变化，如汽车与自行车的主要功能是"运送货物与人"，计算机的主要功能是"代替人进行计算"，机床的主要功能是"加工零件"。人类需求的质量、数量，以及产品实现形式的不断变化，迫使企业不得不根据需求变化及实现的可能，增加产品的辅助功能或改变其实现形式。从历史的观点看，可以认为产品处于进化过程之中。

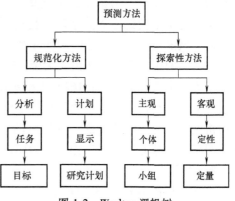

图 1-2　Worlton 逻辑树

快速和有效地开发新产品是提高企业竞争力的重要手段。新产品大多是在老产品或当前产品的基础上开发出来的。企业在新产品研发决策过程中，要预测当前产品的技术水平和新一代产品可能的进化方向，这种预测过程通常称为技术预测。技术预测的研究起始于半个世纪以前，最初应用于军工产品，即对武器及其部件的性能进行技术预测，后来也用于民用产品。在长期的研究过程中，理论界提出了多种技术预测方法，如图 1-2 中的 Worlton 逻辑树，其内涵为不同预测方法的抽象描述。树的最高层为预测方法，该方法分为两大类：规范化方法与探索性方法。规范化方法的核心是"发现某个特征，确认使该特征能够实现的活动"，即该方法倾向于提出促使理想特征实现的策略与过程，该类方法中的核心方法是形态分析法。探索性方法通过对过去与将来从低级到高级进化的过程预测未来，该类方法中的核心方法为 S-曲线法及 Delphi 法，前者为客观和定量法，后者为主观和小组法。

上述各种方法是西方学者提出的方法。麻省理工学院的 Frauens 于 2000 年指出西方传统的技术预测存在着如下三个缺点：

① 预测所需要的准则太弱。

② 支持提出及实现可能特征的工具集是有限的。

③ 确定目前产品功能的潜力主要取决于专家。

Frauens 还指出：苏联 TRIZ 中的技术系统进化理论已经提供了强有力的技术预测工具，这些工具包括产品进化定律及进化路线等。

1.4.2 产品进化过程实例

1. 潜艇

公元前 332 年，亚历山大大帝命令其部下建造一只防水的玻璃桶，自己进入桶里，让部下把桶放到海水下面，他记录了所见到的各种动物。亚力山大大帝是早期进行水下探索的人之一。

在 1624 年，德雷贝尔建造了一个可在水中被驱动的防水舱，他让 12 人进入舱体，并通过划 6 支桨推动这个装置。

在 1776 年，布什内尔建造了一个潜水器，用来攻击停在美国纽约港的英国军舰。这是第一艘参加战斗的潜水器。该潜水器像一只大木桶，里面有一张条凳，用像自行车脚蹬似的东西驱动船体。该潜水器还配有罗盘、深度尺、驾驶装置、可变压舱、防水船体配件和一只锚。

19 世纪末，现代潜艇之父霍兰主持建造了"霍兰"号潜艇。该潜艇在水下使用电动机，在水面巡航时使用蒸汽机，是第一艘能够下沉、潜行、上浮并发射鱼雷的潜艇。该潜艇没有潜望镜，艇员们要从平板玻璃向外观察。为了监测氧气含量，艇员们经常把老鼠装在笼子里带上潜艇，如果老鼠死亡或接近死亡，说明氧气不足了，应该赶快返航。在 1900 年，美国海军购买了"霍兰"号潜艇，并且又订购了几艘同样的潜艇。

又经过半个世纪，全世界第一艘核动力潜艇"鹦鹉螺"号诞生了。与柴油机驱动的潜艇不同，该潜艇可在水下连续工作几个星期。在 1954 年，该潜艇在水下穿越了北极。

从产品的观点看，亚历山大大帝的玻璃桶只是对海洋水下的初步探索，其核心技术是构造一个不漏水的水下空间；1624 年的防水舱及 1776 年的潜水器，其核心技术都是采用人工产生的动力驱动，潜水器中的罗盘等是对防水舱的不断改进；"霍兰"号潜艇的核心技术是采用机械驱动——电动机或蒸汽机驱动，能真正用于装备海军，因此是现代潜艇；"鹦鹉螺"号潜艇的核心技术是采用核动力驱动，可在水下工作更长的时间。

2. 自行车

自行车是在 1817 年发明的。称为"木房子"的第一辆自行车由机架及木制的轮子组成，没有手把，骑车人的脚是驱动动力源。从工程的观点看，该车存在着不舒适和不能转向等问题。

在 1861 年，基于"木房子"的新一代自行车设计成功。该自行车是现在所说的"早期脚踏车"。但是，"木房子"的缺点依然存在。

在 1870 年，被称为"Ariel"的自行车设计成功。该自行车前轮安装在一个垂直的轴上，使转向成为可能，但依然存在着不安全、不舒适和驱动困难等问题。

在 1879 年，脚蹬驱动、链轮及链条传动的自行车设计成功。该类自行车的速度可以达到很高，但它没有车闸，因此高速骑车时很危险。

在 1888 年，车闸设计成功。前轮直径已经变大，但由于零部件的材料不过关，影响了自行车的速度。

到 20 世纪，各种新材料用于制造自行车零件。

在自行车进化的过程中，全世界共申请了 1 万个相关的专利。

产品进化过程实际上是产品核心技术从低级向高级变化的过程。对于一种核心技术，应不断地对产品子系统或部件进行改进，以提高其性能。设计人员不断地努力，是推动产品进化过程的根本动力。

1.4.3 产品进化过程曲线

1. 经典的 S-曲线

图 1-3 所示为经典的 S-曲线。图中横坐标为时间，即依据某项核心技术所推出的一系列产品的时间；纵坐标为产品的性能参数值，该参数值不能超过自然限制。横坐标上，将产品分为三个阶段：新发明、技术改进及技术成熟。在新发明阶段，一项新的物理、化学和生物的发现，被设计人员转变成产品。不同的设计人员对同一原理的实现是不同的，对已经设计出的产品也要进行不断的改善。因此，随着时间的推移，产品的性能指标将不断地提高。

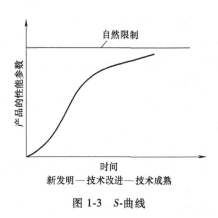

图 1-3 S-曲线

在上一阶段结束时，很多企业已经意识到，基于该发现的产品有很好的市场潜力，应大力开发。因此，将投入更多的人力、物力与财力用于新产品开发，新产品的性能参数将快速增长。这就是技术改进阶段。

随着产品进入技术成熟阶段，所推出的新产品性能参数只有少量的增长。继续投入进一步完善已有技术的效益减少，企业应研究新的核心技术，以在适当的时间替代已有产品的核心技术。

对于企业决策，具有指导意义的是曲线的拐点。第一个拐点之后，企业应从原理实现的研究转入商品化开发。否则，该公司将被恰当转入商品化开发的公司甩在后面。当出现第二个拐点后，产品的技术已进入成熟期，企业因生产该类产品获取利润，同时要研究优于该产品工作原理的更高一级核心技术，以便将来在适当机会转入下一轮的产品竞争。一代产品的发明要依据某一项核心技术，之后经过完善使该技术逐渐成熟。在这期间，企业要有大量的投入，但如果技术已成熟，推动技术更加成熟的投入不会取得明显收益。此时，企业应转入研究、选择替代技术或新的核心技术。该过程可用 S-曲线族表示，如图 1-4 所示。

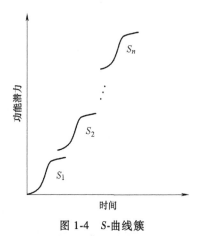

图 1-4 S-曲线簇

2. TRIZ 中的 S-曲线

通过对大量专利进行分析，阿奇舒勒发现产品的进化规律满足 S-曲线。但进化过程是靠设计者推动的，对于当前的产品，如果设计者没有引入新技术，它将停留在当前的水平上；否则，新技术的引入使其不断向某些方向进化。图 1-5 给出了 TRIZ 中的 S-曲线，它是

分段线性 S-曲线，其优点是曲线中的拐点容易确定。图中将一代产品分为婴儿期、成长期、成熟期和退出期。确定产品在 S-曲线上的位置是产品进化理论研究的重要内容，并称为产品技术成熟度预测。对于处于婴儿期及成长期的产品，应对其结构和参数等进行优化，使其尽快成熟，为企业带来利润。对于处于成熟期与退出期的产品，企业在赚取利润的同时，应开发新的替代技术，以便推出新一代产品，使企业在未来市场竞争中取胜。

3. 产品技术成熟度预测曲线

企业在制定研究与发展计划时，知道自己的产品技术成熟度是正确决策的关键。但事实上，很多企业的决策并不科学。Ellen Domb 认为："人们往往基于他们的情绪与状态来对其产品技术成熟程度做出预测。假如人们处于兴奋状态，则常把他们的产品置于成长期；如果他们受了挫折，则可能认为其产品已处于退出期"。因此，需要一种系统化的产品技术成熟度预测方法。

阿奇舒勒通过研究发现，任何系统或产品都按生物进化的模式进化，同一代产品进化分为婴儿期、成长期、成熟期和退出期四个阶段，这四个阶段可用生物进化中的 S-曲线表示，如图1-5所示。

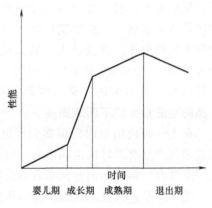

图 1-5　分段线性 S-曲线

有四种曲线可用于预测技术系统在 S-曲线上所处的位置。这四种曲线分别是：单位时间内的专利数、单位时间内的技术性能、单位时间内的利润和单位时间内的专利或发明级别。图1-6给出了各曲线的形状。收集当前产品的有关数据来建立这四种曲线，将所建立曲线的形状与图1-6所示四种曲线的形状进行比较，就可确定产品的技术成熟度。

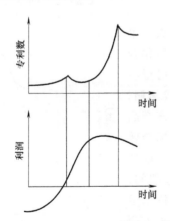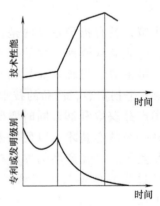

图 1-6　技术成熟度预测曲线

当一条新的自然规律被科学家揭示后，设计人员依据该规律提出产品实现的工作原理，并使之实现。这种实现是一项级别较高的发明，该发明所依据的工作原理是这一代产品的核心技术。

一代产品可由多种系列产品构成，虽然产品要不断完善，不断推陈出新，但作为同一代产品其核心技术是不变的。

一代产品的第一个专利是最高级别的专利，如图 1-6 中时间-专利或发明的级别曲线所示，后续的专利级别逐步降低。但当产品由婴儿期向成熟期过渡时，有一些高级别的专利出现，正是这些专利的出现，推动产品从婴儿期过渡到成长期。

图 1-6 中，时间-专利数曲线表示专利数随时间的变化。开始时，专利数较少，在性能曲线的第三个拐点处出现最大值。在此之前，很多企业都为此产品的不断改进而投入，但此时产品已到了退出期，企业进一步增加投入已没有什么回报。因此，专利数降低。图 1-6 中的时间-利润曲线表明，开始阶段，企业仅仅是投入并没有赢利。到成长期，产品虽然还有待于进一步完善，但产品已创造利润。之后，利润逐年增加，到成熟期的某一时间达到最大，之后开始降低。图 1-6 中的时间-技术性能曲线表明，随着时间的延续，产品技术性能不断增加；但到了退出期后，其技术性能很难再有所增加。

如果能收集到产品的有关数据，绘制出上述四种曲线，就通过曲线的形状来判断出产品在 S-曲线上所处的位置，从而对其技术成熟度进行预测。

图 1-7 表示产品技术成熟度预测的两种结果。如果产品处于婴儿期或成长期，则需要对产品进行优化，以改善已有的 S-曲线；反之，则需要产品创新，以产生新的核心技术，替代已有的核心技术，即产生新的 S-曲线。

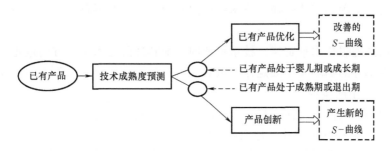

图 1-7　基于产品技术成熟度预测的产品研究与发展决策

1.4.4　产品进化模式

1. 产品进化的四个阶段

从历史的观点看，产品进化分为如下四个阶段：

（1）为系统选择零部件　飞机是 100 多年前发明的。当时的发明人所考虑的问题是：飞行的部件是什么？发动机是否在机翼内？机翼是固定的，还是活动的？如果是活动的，是否与鸟的翅膀相同？发动机的类型是什么？蒸汽发动机还是电动发动机？经过多次试验，选用了固定式机翼及内燃机。

（2）改善零部件　发明人改进组成技术系统的不同零部件，对其形状、各种关系进行优化，采用更合适的材料和尺寸等。对于飞机的改进，该阶段的问题是：一架飞机采用几个机翼，是一个、两个，还是三个？控制系统放在什么位置，前部还是后部？发动机的具体位置？螺旋桨应如何设计，是推动型还是拉动型？一架飞机应采用多少个齿轮？经过该阶段的进化，所设计的飞机已经与今天的飞机很相似了。

（3）系统动态化　在该阶段，将很多采用刚性连接的零部件改为柔性连接，如发明了飞机的可伸缩起落架、能改变形状的机翼、机身的前部可上下移动、发明了使飞机垂直升降的发动机等。由于系统动态化进化，系统性能空前提高。

（4）**系统的自控制** 这一进化步骤还没有广泛实现，但从火箭和航天器的设计中可以看出，该进化步骤已初露端倪，如运行中的航天器可对其自身的某些行为进行自组织。这只是该进化步骤的开始，未来的系统能自动地适应环境。

2. 产品进化定律

通过对大量专利进行分析。阿奇舒勒发现产品通过不同技术路线向理想解方向进化，如图1-8所示。他提出了八条产品进化定律。

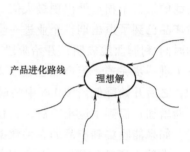

图1-8 产品不同的进化路线

定律1：组成系统的完整性定律。一个完整系统必须由能源装置执行机构、传动部件和控制装置组成。能源装置为整个系统提供能源，执行机构具体完成系统的功能，传动部件将能源装置中的能量传递到执行机构，控制装置对其他三个部分进行控制，以协调其工作。

定律2：能量传递定律。技术系统的能量从能源装置到执行机构传递效率向逐渐提高的方向进化。选择能量传递形式是很多发明问题的核心。

定律3：交变运动和谐性定律。技术系统向着交变运动与零部件自然频率相和谐的方向进化。

定律4：增加理想化水平定律。技术系统向增加其理想化水平的方向进化。

定律5：零部件的不均衡发展定律。虽然系统作为一个整体在不断改进，但零部件的改进是单独进行的，不同步的。

定律6：向超系统传递定律。当一个系统自身发展到极限时，它向着变成一个超系统的子系统方向进化。通过这种进化，原系统升级到一个更高水平。

定律7：由宏观向微观的传递定律。产品所占空间向较小的方向进化。在电子学领域，先是应用真空管，之后是晶体管，再后是大规模集成电路，就是典型的例子。

定律8：增加物质-场的完整性定律。对于存在不完整物质-场的系统，向增加其完整性方向进化。物质-场中的场从机械能或热能向电能或电磁能的方向进化。

3. 技术系统进化模式

TRIZ一直处于发展与完善过程中。在20世纪90年代，美国的TRIZ专家们将阿奇舒勒的产品进化四个阶段和八条定律发展成为技术系统进化的八种模式。这些模式更适合于技术系统及生产过程的创新。

模式1：技术系统的生命周期为出生、成长、成熟和退出。

考虑到原有技术系统与新技术系统的交替，可描述为以下六个阶段：

阶段1：系统还没有存在，但出现的重要条件已发现。

阶段2：高级别的创新已出现，但发展很慢。

阶段3：社会认识到新系统的价值。

阶段4：初始系统概念的资源已用尽。

阶段5：新一代产品开始出现，并代替原系统。

阶段6：原系统的部分应用可能与新系统共同存在。

实例 飞机

阶段1：人类希望飞行的愿望失败了，但飞行成功的重要条件已发现。

阶段2：怀特兄弟在一双翼飞机上以每小时30km的速度成功地完成了飞行。

阶段3：在第一次世界大战中飞机被用于战争。很多投资被用于飞机开发，其速度增加到每小时100km。

阶段4：采用木材与绳索所构成的飞机本体所能实现的空气动力学已达到极限。

阶段5：采用金属本体的单翼飞机研制成功。

阶段6：若干新型飞机已研制成功，但双翼飞机仍然存在。

模式2：增加理想化水平。

第一台计算机重数吨，需占用一个大房间，但具有计算所需的四个组成部分：能源装置、控制装置、传动装置和执行装置。现代计算机质量为1000g，功能有数千种，包括计算、绘图、通信和多媒体等。目前的便携式计算机质量及体积都很小，且具有文字处理、数学计算、通信、绘图和播放多媒体等功能。

模式3：系统的不均衡发展导致冲突的出现。

不同的子系统具有不同的生命周期，某些子系统阻碍了系统整体的进化。产品进化中常见的错误是非关键子系统得到设计人员特别的关注。例如设计人员努力开发更好的飞机发动机，但对飞机影响最大的是其空气动力学系统。因此，设计人员的努力对提高飞机性能的作用影响不大。

模式4：增加动态性及可控性。

早期的汽车是靠发动机的速度控制的，后来靠手工操纵齿轮变速器控制速度，之后通过自动变速器实现。

模式5：通过集成来增加系统功能。

组合音响将AM/FM收音机、磁带机、VCD机和喇叭等集成为一个系统，用户可根据需要选择自己需要的功能。

模式6：部件的匹配与不匹配交替出现。

早期的轿车采用板簧吸收振动，这种结构是从当时马车上借用的。随着轿车的进化，板簧与轿车的其他部分已不匹配，后来研制出轿车专用减振器。

模式7：由宏观系统向微观系统进化。

烹调用的灶具开始采用烧木材或烧煤的炉子，之后采用烧气的灶具，后来出现了电加热灶具及微波炉。

模式8：增加自动化程度，减少人的介入。

最初洗衣服用搓板，后来出现了单缸和双缸洗衣机，之后是全自动洗衣机。

这八种模式导致产品不同的进化路线。通常，一个系统从其原始状态开始沿着模式1和模式2进化，当达到一定的水平后将沿其余六种模式进化。每种模式都存在着多条进化路线。进化路线的研究结果对指导产品创新具有重要意义。目前正在一些创新研究单位中研究进化路线，公开发表的研究成果还相对较少。

1.4.5 进化理论的应用

TRIZ进化理论的主要成果为：S-曲线、产品进化定律及产品进化模式。这些关于产品进化的知识可应用于定性技术预测、产生新技术和市场创新。

1. 定性技术预测

利用 S-曲线、产品进化定律及产品进化模式可对目前产品提出如下预测：

1）指出需要改进的子系统。

2）避免对处于技术成熟期或退出期的产品进行改进设计的大量投入。

3）指出技术发展可能的方向。

4）指出对处于婴儿期与成长期的产品应尽快申请专利，进行产权保护，以使企业在今后的市场竞争中处于最有利的地位。

上述四条预测将为企业设计、管理和研发部门，以及企业领导层决策提供重要的理论依据。

2. 产生新技术

产品的基本功能在产品进化的过程中基本不变，但其实现形式及辅助功能一直发生变化。因此，按照进化理论对当前产品进行分析的结果，可以用于功能实现的分析，以找出更合理的功能实现结构。其分析步骤为：

1）对每一个子系统的功能实现进行评价，如果有更合理的实现形式，则取代当前不合理的子系统。

2）对新引入子系统的效率进行评价。

3）对物质、信息和能量流进行评价，如果需要，选择更合理的流动顺序。

4）对成本或运行费用高的子系统及人工完成的功能进行评价及功能分离，确定是否用成本低的其他系统代替。

5）评价用高一级的相似系统、反系统等代替步骤 4 中所评价的已有子系统的可能性。

6）分离出能由一个子系统完成的一系列功能。

7）对完成多于一个功能的子系统进行评价。

8）将步骤 4 分离出的功能集成到一个子系统之中。

上述的分析过程将协助设计人员完成所选定技术或子系统的直接进化。

3. 市场创新

质量功能布置（QFD）是市场研究的有力手段之一。目前，用户的需求主要通过用户调查法来获得。负责市场调研的人员一般不知道正在被调研的技术的未来发展细节。因此，QFD 的输入，即市场调研的结果，往往是主观的、不完善的，甚至是过时的。

TRIZ 中的产品进化定律与进化模式是由专利信息及技术发展历史得出的，具有客观及不同领域通用的特点。一种合理的观点是用户从可能的进化趋势中选择最有希望的进化路线，之后经过市场调研人员及设计人员等的加工将其转变为 QFD 的输入。

TRIZ 与 QFD 的结合是目前 TRIZ 研究中的一个热点，其研究结果将成为市场创新的一种强有力的工具。

1.5 产品设计中的冲突及解决原理

1.5.1 冲突及其分类

1. 设计中的冲突

产品是功能的实现，任何产品都包含一个或多个功能，为了实现这些功能，产品要由具有相互关系的多个零部件组成。为了提高产品的市场竞争力，需要不断地对产品进行改进设计。当改变某个零件或部件的设计，即提高产品某些方面的性能时，可能会影响到与这些被改进设计零部件相关联的零部件，结果可能使产品另一些方面的性能受到影响。如果这些影响是负面影响，则设计中出现了冲突。

发明问题的核心是解决冲突，而解决冲突所应遵循的规则是：改进系统中的一个零部件或性能的同时，不能对系统、相邻的其他零部件或性能造成负面影响。

2. 冲突的分类

阿奇舒勒将冲突分为管理冲突（Administrative contradictions）、物理冲突（Physical contradictions）和技术冲突（Technical contradictions）三种类型。

管理冲突是指为了避免某些现象或希望取得某些结果，需要行动，但不知如何去行动。例如希望提高产品质量、降低原材料的成本，但不知方法。管理冲突本身具有暂时性，对产品创新设计过程无启发价值，因此不能表现出问题解的可能方向，不属于 TRIZ 的研究内容。

物理冲突是指为了实现某种功能，某子系统或元件应具有某种特性，但同时出现了与该特性相反的特性。物理冲突有以下两种情况：

1）某子系统中有用功能加强的同时，导致该子系统中有害功能的加强。

2）某子系统中有害功能降低的同时，导致该子系统中有用功能的降低。

技术冲突是指一个作用同时导致有用及有害两种结果，也可指有用的引入或有害效应的消除，导致一个或几个子系统或系统某方面性能变坏。技术冲突常表现为一个系统中两个子系统之间的冲突。技术冲突有以下三种情况：

1）在一个子系统中引入一种有用功能，导致另一个子系统产生一种有害功能，或加强了已存在的一种有害功能。

2）消除一种有害功能导致另一个子系统的有用功能变坏。

3）有用功能的加强或有害功能的减少，使另一个子系统或系统变得太复杂。

技术冲突是设计中经常出现的一类冲突。以下只研究该类冲突的解决方法。

1.5.2 技术冲突解决类型

技术冲突是由矛盾双方引起的。设参数 A 与 B 代表矛盾双方，则图 1-9 可描述技术冲突，图中曲线通常称为等设计能力曲线。参数 A 的选择可使产品某方面的性能提高，但将使参数 B 影响产品另一方面的性能并使之降低。技术冲突传统的解法是在等设计能力曲线上根据设计经验确定一折中点作为解。

TRIZ 与折中法不同，在选择参数 A 与 B 时，既要使参数 A 所影响的质量提高，又要使参数 B 所影响的质量提高，即要消除冲突。两种解法的区别如图 1-10 所示。

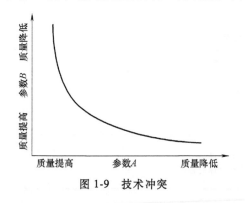

图1-9 技术冲突

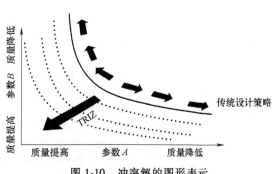

图1-10 冲突解的图形表示

TRIZ 得到冲突解可归纳为以下两种类型：

（1）离散解　彻底消除了技术冲突，或新解使得原有技术冲突已不存在。

（2）连续解　新解部分消除了冲突，但冲突仍然存在。在不断消除冲突的同时，产生一系列新的冲突，这些冲突称为冲突链，图 1-10 中的一系列虚线就是对冲突链的描述。

1.5.3 技术冲突解决的 TRIZ 方法

1. 技术冲突的一般化

为了更好地描述冲突，经过对大量技术冲突的对比研究，提出了冲突的 39 个特征参数。在实际应用中，首先要把组成冲突的双方用 39 个特征参数中的两个特征参数来表示。39 个特征参数中常用到移动物体与静止物体两个术语。移动物体是指自身或借助于外力可在一定空间内自由移动的物体。静止物体是指自身或借助于外力都不能使其在空间内自由移动的物体。表 1-1 中列出了 39 个参数中的部分特征参数。

表 1-1　部分特征参数

序号	特征参数名称	特征参数意义
1	移动物体重量	在重力场中移动物体的质量
3	移动物体长度	移动物体在三维空间中任一方向的线性尺寸
9	速度	运动物体的速度
10	力	在 TRIZ 中，力是指任何试图改变物体状态的相互作用
21	功率	单位时间内所做的功
23	物质损失	材料、零件或子系统的部分或全部、永久或暂时的损失
25	时间损失	减少时间损失能减少一项活动所需的时间
38	自动控制程度	在无人干预下，系统或物体实现其功能的程度
39	生产率	单位时间内所完成的功能或操作数

2. 冲突解决原理

冲突解决原理即为发明原理，它是在产生新的工作原理中所应遵循的普遍规律。由于发明原理对于创新设计具有指导意义，早在 20 世纪初，就有关于发明原理的研究。最初的原理是从经验或各种数据中抽象出来的。由于所用数据源的多样性，以及观察数据的随机性，最初的发明原理是不完善的。为了不断地完善发明原理列表，需要系统地研究专利信息，按照专利类型进行分析。经过多年的努力，阿奇舒勒提出了 40 条发明原理，表 1-2 中列出了部分发明原理。

表 1-2　部分发明原理

序号	名称	发明原理内容
1	分离	①将一物体分解成为几个独立的部分 ②使一个物体易拆卸 ③增加分离的程度
4	不对称性	①改变物体的形状，使其由对称变为不对称 ②假如一个物体是不对称的，增加其不对称的程度

（续）

序号	名称	发明原理内容
7	套装	①将一个物体放在另一个物体内部 ②使一个部件穿过另一个部件的空腔
13	相反的方法	①采用相反的作用 ②使运动件固定、固定件移动 ③使物体倒置
16	动态化	①使物体特性、外部环境、过程优化，或达到最优工作状态 ②将一个物体分为可做相对运动的几个部分 ③使不能移动的物体移动
25	自服务	①增加辅助功能，使物体服务于自己 ②利用浪费的资源、能量或物质
40	材料复合化	将单一材料变成复合材料

发明原理起着工具集的作用。对发明家来说，该工具集是理想的"发明工厂"。应用该工具集的简单方法是从中选择规则，以对问题提出求解的思路或线索。当然，这种方法效率不高，冲突解决矩阵能够提供更好的解决办法。

3. 冲突解决矩阵

冲突解决矩阵是一个40×40的矩阵，矩阵的第1行或第1列是按顺序排列的冲突特征参数号。除第1行与第1列外，其余39行与39列形成一个矩阵，矩阵元素为空，或有几个数字，可用原理序号来表示。表1-3中列出了矩阵简图。

表1-3　冲突解决矩阵简图

行\列	1	2	3	4	5	…	39
1			15,8,29,34		19,17,38,34		35,3,24,37
2				10,1,29,35			1,28,15,35
3	8,15,29,34				15,17,4		14,4,28,29
4		35,28,40,29					30,14,7,26
5	2,17,29,4		14,15,16,4				10,26,34,2
…							
39	35,26,24,37	28,27,15,3	18,4,28,38	30,7,14,26	10,26,34,31		

应用的过程为：首先在39个标准参数中，确定使产品某一方面质量降低或提高的特征参数 B 或 A 的序号，之后将参数 B 或 A 的序号从第1行及第1列中选取对应的序号，最后在两序号对应行与列的交叉处确定一特定矩阵元素，该元素所给出的数字为推荐采用的发明原理序号。

4. 解决问题的过程

阿奇舒勒的冲突理论似乎是产品创新的"灵丹妙药"，实际在应用该理论之前的前处理与应用之后的后处理仍然是关键的问题。图1-11描述了问题求解的全过程。

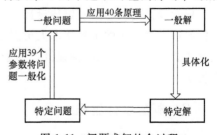

图1-11　问题求解的全过程

当针对具体问题确认一个技术冲突后，要用该问题所处技术领域中的特定术语描述该冲突。接着，要将冲突的描述翻译成一般术语，根据这些一般术语选择标准冲突描述参数。标准参数决定的是一般问题，并在冲突解决矩阵中选择可用解决原理。一旦某一个或某几个原理被选定后，必须根据特定的问题，应用该原理以产生一个特定的解。对于复杂的问题，一个原理是不够的。原理的作用是使原系统向着改进的方向发展，在改进的过程中，对问题的深入思考、创造性和经验都是需要的。

5. 工程实例

波音公司改进 737 飞机的设计时，需要将原先使用的发动机改为功率更大的发动机。发动机功率越大，它工作时需要的空气越多，发动机罩的直径就要增大。发动机罩增大，机罩离地面的距离减小，而减小距离是不允许的，如图 1-12 所示。

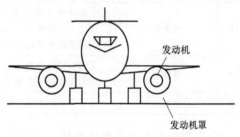

图 1-12　增加发动机功率所产生的技术冲突

上述的改进设计中出现了一个技术冲突，既希望发动机吸入更多的空气，但又不希望发动机罩与地面之间的距离减小。它可以用标准参数来描述：希望移动物体容量（参数 7）增加，不希望移动物体长度（参数 3）减小。

由冲突解决矩阵可以查出，第 1、4、7 和 35 条原理是可用原理。其中第 4 条原理为不对称原理，即改变物体的形状，使其由对称变为不对称，或假如一个物体是不对称的，增加其不对称的程度。

最后的设计为：增加发动机罩的直径，以便增加空气的吸入量；但为了保持与地面的距离，把发动机罩的底部由曲线变为直线。该设计采用了不对称原理，按照该方案改进设计的飞机已投入运营。

1.6　概念设计

1.6.1　概述

概念设计首先要确定待设计系统的功能，接着确定实现该功能的效应，最后确定作用原理。功能是系统输入与输出之间，以完成任务为目的的总的相互关系。效应是指将有关量联系起来的物理、化学、数学、生物、几何及材料等的有关定律。作用原理是将效应工程实现的最基本形式。如果实现待设计产品所有功能的效应都已确定，则产品的工作原理已经确定。

概念设计的核心是确定待设计产品新的、有市场竞争力的工作原理。如果已知某产品的工作原理，企业中的工程技术人员能够完成作用原理及后续的技术设计与详细设计。因此，这里主要介绍基于 TRIZ 待设计产品新的或改进工作原理产生的过程，其结果可用文字或简图表示。

1.6.2　概念设计过程

创新的核心是发现冲突及解决冲突。发现冲突通过对已有系统或虚拟系统的分析得到，冲突解可通过解决技术冲突或物理冲突得到。因此，基于 TRIZ 的概念设计过程可围绕分析问题与解决冲突来进行。图 1-13 所示为基于 TRIZ 的概念设计过程。

　　分析是 TRIZ 的工具之一，包括产品的功能分析、理想解的确定、可用资源分析及冲突区域的确定。分析是解决问题的一个重要阶段。

　　功能分析的目的是从完成功能的角度而不是从技术的角度分析系统、子系统和部件。该过程包括裁剪（trimming），即研究每一个功能是否必需，如果必需，系统中的其他元件是否可完成其功能。设计中的重要突破、成本或复杂程度的显著降低往往是功能分析及裁剪的结果。

　　假如在分析阶段已经找到问题的解，则可以进入实现阶段。假如问题存在冲突，TRIZ 中的发明原理和分离原理都是可用的工具，也可采用 TRIZ 中的其他方法，如效应知识库和 ARIZ 算法等。

　　利用发明原理、分离原理、效应知识库和 ARIZ 算法等所得到的解往往是通解，是设计思路，问题的领域设计人员还需根据本领域的特点将其具体化，即找到问题的特解。

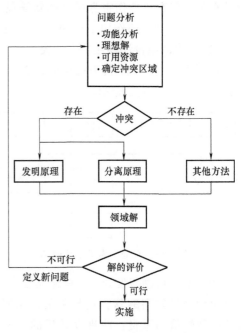

图 1-13　基于 TRIZ 的概念设计过程

　　所得到的原理解要通过评价确定是否满足要求，如果满足要求，则进行后续的设计工作。反之，要对问题进行再分析。

1.6.3　TRIZ 概念设计实例——汽车安全气囊

　　汽车正面碰撞是造成交通事故 65% 伤亡率的原因。安全气囊就是为了在汽车正面碰撞过程中，最大限度地保护驾驶员及前排乘员。当驾驶员及乘员系安全带时，安全气囊对人的保护效果应该最佳。但对很多装有安全气囊轿车的交通事故调查发现，每 20 人中，就有 1 人因不能获得安全气囊的保护而死亡，而且死亡的人一般身材较矮，如儿童与妇女。

1. 系统分析

　　轿车是一个系统，安全气囊只是其中的子系统，该子系统简图如图 1-14 所示。汽车是气囊的超系统，碰撞物可能是另一辆汽车或其他物体。气囊装在气囊筒内，气囊筒装在汽车转向盘前端。安装在汽车前端的传感器感受到汽车减速信号，传给激发器并使气囊迅速膨胀，并充满具有一定压力的气体，完全膨胀后，囊内压力要有所降低，气体的减振作用将保护碰撞到气囊上的驾驶员或乘员。

　　轿车安全气囊的功能是在汽车正面碰撞时，保护驾驶员与乘员。但目前的设计保护了身体高的驾驶员与乘员，而有可能伤害身材矮的驾驶员与乘员。原因是身材矮的驾驶员为了踩制动踏板及油门，身体较接近于转向盘。汽车碰撞时，在气囊膨胀过程中，身材矮的驾驶员可能碰上了气囊。膨胀过程中的气囊动能大，像是一个运动中的刚体，会伤害与其碰撞的驾驶员。上身长、腿短的驾驶员受伤可能性更大。妇女一般身材矮，儿童不仅身材矮而且经常不系安全带，可能更容易受到伤害。

假设安全气囊与驾驶员和乘员组成一个系统。安全气囊目前的设计保护大部分驾驶员与前排乘员，但有可能伤害身材矮的驾驶员与乘员。该设计可用如下的物质-场模型描述：气囊 S_2 在机械能 FM 的作用下迅速膨胀，可保护驾驶员与乘员 $S_{1.1}$，却伤害了驾驶员与乘员 $S_{1.2}$。这说明，原设计存在技术冲突。

在图 1-15 中，FM 代表机械能；$S_{1.1}$ 代表身材较高的驾驶员与乘员；$S_{1.2}$ 代表身材矮的驾驶员与乘员；S_2 代表气囊。

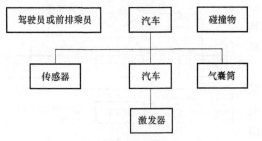

图 1-14　安全气囊子系统简图

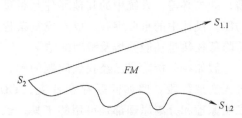

图 1-15　安全气囊与驾驶员乘员物质-场模型

如果要进行创新设计，其标志是要彻底地克服现设计中存在的冲突，即新的安全气囊不仅要保护身材较高的驾驶员与乘员，又要保护身材较矮的驾驶员与乘员。改进设计后的安全气囊子系统模型如图 1-16 所示。

$$S_2 \longrightarrow S_1(S_{1.1}, S_{1.2})$$

图 1-16　改进设计后的安全气囊子系统模型

2. 技术冲突及消除

美国政府有关部门曾建议通过减小安全气囊功率的方法来解决该问题。功率定义为气囊的膨胀力与膨胀速度之积。减小该功率，使气囊膨胀速度减慢，可以保护身材矮的驾驶员与乘员，但汽车在高速运行时如果发生碰撞，所有身材的驾驶员与乘员均高速前倾，可能会碰撞到转向盘、仪表盘或风窗玻璃上，从而受到伤害，所以膨胀速度慢的气囊并不能提供有效的保护。如果按该方法进行设计，设计中存在技术冲突：减小气囊功率可以减慢其膨胀速度，减少驾驶员和乘员与气囊碰撞所造成的伤害；但汽车高速行驶过程中发生碰撞时，气囊不能及时膨胀将会带来更多的伤害。图 1-17 所示为系统变换。

图 1-17 中 S_3 是指转向盘、仪表盘或风窗玻璃等。

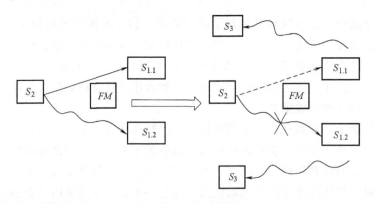

图 1-17　系统变换

无论是原始设计还是改进建议，都存在技术冲突。现将技术冲突标准化并应用冲突矩阵确定可用的发明原理，通过这些发明原理来发现消除冲突的基本思路。

冲突的一方是要改变气囊的膨胀速度，以保护一部分驾驶员与乘员；另一方是速度的改变使另一部分驾驶员与乘员受到伤害。这一技术冲突可用 39 个特征参数中的第 15 个和第 31 个参数描述。

第 15 个特征参数　运动物体作用时间：物体完成规定动作的时间及服务期。两次误动作之间的时间也是作用时间的一种度量。

第 31 个特征参数　物体产生的有害因素：有害因素将降低物体或系统的效率或功能完成的质量。这些有害因素是由物体或系统操作的一部分产生的。

由冲突矩阵可以查出，可用发明原理序号为：21、39、16 和 22。

（1）第 21 号发明原理　紧急行动　以最快的速度完成有害的操作。加快而不是减小气囊的膨胀速度，只有完全膨胀后才出现身材矮的驾驶员或乘员与其碰撞的可能，则能保护所有的驾驶员或前排乘员。

（2）第 39 号发明原理　惰性环境　用惰性环境代替通常环境。在汽车碰撞过程中，对人造成伤害的原因是膨胀过程中气囊动能的作用使其像一个刚体，如果某种物质能够软化气囊表面，使碰撞处于惰性的环境，就可保护驾驶员与乘员。

（3）第 16 号发明原理　未达到或超过的作用　如果 100% 达到所希望的效果是困难的，稍微未达到预期的效果，此时可以大大简化问题。气囊体积减小，功率增加，使其迅速膨胀，可以保护驾驶员与乘员。

（4）第 22 号发明原理　变有害为有益　利用有害因素，特别是对环境有害的因素，获得有益的结果；通过与另一种有害因素结合消除一种有害因素；加大某有害因素的程度使其不再有害。增加气囊的膨胀速度，当其完全膨胀后驾驶员或乘员才可能与气囊碰撞。

表 1-4 是采用发明原理消除技术冲突的一个总结。

表 1-4 中的消除技术冲突方法已给出了安全气囊改进设计基本思路，或已经完成了概念设计的初步内容。根据这些思路，领域专家（安全气囊设计人员）可根据本企业设计与生产安全气囊的实际或根据可实现的能力进一步完善已提出的概念，画出工作原理简图及实现简图，完成概念设计。

表 1-4　消除技术冲突

发明原理序号	名称	消除技术冲突的方法
21	紧急行动	加快而不是减小气囊的膨胀速度，当完全膨胀后才出现身材矮的驾驶员或乘员与其碰撞的可能，则能保护所有的驾驶员或前排乘员
39	惰性环境	在汽车碰撞过程中，对人造成伤害的原因是膨胀过程中的气囊动能作用使其像一个刚体。如果某种物质能够软化气囊表面，使碰撞处于惰性的环境，就可保护驾驶员与乘员
16	未达到或超过的作用	气囊体积减小，功率增加，使其迅速膨胀，可以保护驾驶员与乘员
22	变有害为有益	增加气囊的膨胀速度，当其完全膨胀后，驾驶员或乘员才可能与气囊碰撞

1.6.4 成功设计的要素

不同的设计者应用 TRIZ 解决同一问题时获得的结果可能是完全不同的。一个成功设计要素由如下公式描述：

$$S = P_c P_{KN}(1+M)(1+T)$$

式中 S——成功的设计；

P_c——个人解决问题的能力，包括创造力、查阅资料的能力和毅力等；

P_{KN}——领域知识的水平与经验；

M——TRIZ 方法论与哲学思想的运用；

T——TRIZ 工具的运用。

从公式可以看出，成功的设计取决于设计者的素质、能力、领域知识水平、TRIZ 方法及工具的灵活运用。

第**2**章
机械创新设计

　　设计是人类社会最基本的一种生产实践活动，它是创造精神财富和物质文明的重要环节。创新设计是技术创新的重要内容。工程设计是建立技术系统的第一道工序，它对产品的技术水平和经济效益起着决定性的作用。有研究表明，75%～80%的产品成本是由设计阶段确定的。

　　设计的本质是革新和创造。强调创新设计是要求在设计中更充分发挥设计者的创造力，利用最新科技成果，在现代设计理论和方法的指导下，设计出更具有竞争力的新颖产品。

　　机械创新设计是充分发挥设计者的创造力和智慧，利用人类已有的相关科学理论、方法和原理，进行新的构思，设计出新颖、有创造性和实用性的机构、机械产品或装置的一种实践活动。它有以下两种情形：一是对现有机械产品的技术性能、可靠性、经济性和适用性进行改进或完善；二是设计出新产品或新机器，以满足新的生活或生产需要。机械创新设计过程凝结了人们的创造性智慧，因而创新设计得到的机械产品是科学技术与艺术相互结合的产物，具有一定的美学性，体现了和谐统一的技术美。

　　机械创新设计是相对常规设计而言的。它强调人在设计过程中，特别是在总体方案设计过程中的主导性和创造性。通常，可采用创新度来评估机械创新设计的高低层次，如评估一个新设计项目创新性的深度和广度。创新度大，创新层次高；反之，创新层次低。例如，非标准件设计虽然属于常规设计的范畴，但它具有较多的创造性设计成分，创新层次高。

　　机械创新设计的目标是从机械功能的要求出发，通过改进或完善现有机械，或者发明创造新的机械，实现它的预期功能，并使其具有良好的工作品质和经济性。

2.1　机械系统方案设计与创新

　　机械产品设计一般要经过产品规划、方案设计、技术设计、施工设计和改进设计等几个阶段。其中最富有创造性、最重要的环节是机械方案设计。一个好的机械运动方案就是一个发明创造或专利。运动方案的创新设计在机械产品设计中具有举足轻重的意义。

2.1.1　机械方案设计

　　为使机械产品具有旺盛的生命力，创造出较好的经济效益和社会效益，首先必须通过需求调查和市场预测，对所开发的新产品进行可行性分析，拟订出科学的、合理的、具有一定超前意识的机械功能目标；然后对该产品进行规划，即对产品的具体性能参数和各项技术指标加以限定，作为设计和评价的依据。

　　机械产品的功能目标确定以后，首先需按功能目标要求拟订它的工作原理，接着对其进行方案设计。在对产品主要功能进行分析的基础上，通过创新构思、搜索探求和优化，筛选出最佳的工作原理方案，并对产品的执行系统、原动系统、传动系统和测控系统做方案性设计，用机构运动简图、液压回路图或电路图等方式表达出来。方案设计对产品的结构、工艺、成本、性能和使用维护等方面都有重大影响，它是决定机械产品的质量、使用功能、产品水平、竞争能力和经济效益的关键环节。

1. 机械运动方案设计的主要内容

在进行机械运动方案设计时，需要解决机械产品的工作原理方案、机构系统的选型和设计问题。

（1）原理方案的设计　根据产品的使用要求和工作原理，进行工艺动作构思和工艺动作分解，确定执行构件所要完成的运动，拟订各执行构件动作相互协调配合的运动循环图。

（2）机构的选型和组合　根据拟订的原理方案，选择合适的机构类型，并进行合理的机构组合，进行机械运动方案的设计。

（3）机械运动方案创新设计的评价　对设计做出客观的评价。

2. 机械运动方案设计的基本要求

（1）采用系统工程的观点和方法进行机械运动方案设计　工程设计内容错综复杂，如果孤立静止地分析某方面的问题，得出的结论大多具有一定的片面性和局限性。因此，必须将它作为一个整体系统来研究，分析系统各组成部分之间的联系，以及系统与外界环境的关系。采用系统工程方法，从产品的系统功能要求出发，通过功能原理分析、工艺动作的分解协调，寻求满足设计对象主要功能目标的原理方案。

（2）简化传动环节　在保证实现机械产品预期功能的前提下，为降低成本，提高机械传动精度和效率，应尽量简化传动环节，使运动链尽量简短。

（3）合理分配传动比　在低速级上分配较大的传动比，可使其他各级中间轴转速较高、转矩较小，从而获得较为紧凑的结构。

（4）合理安排传动机构的顺序　当传动机构的总传动比大于8时，要考虑多级传动；当传动机构中有带传动时，一般将带传动放置到高速级；当传动机构采用不同类型的齿轮机构组合时，一般将锥齿轮传动或蜗杆传动放在高速级；链传动一般不宜放在高速级。

（5）提高机械传动效率　减少运动副，有利于减少运动副摩擦带来的功率损耗，提高机械传动效率及使用寿命。

3. 机械方案的创新设计

设计的本质是创造和革新。创新设计要求设计者在设计中充分发挥创造力，追求与前人、众人不同的方案，打破一般思维的常规惯例，提出新原理和新机构，从多方面、多角度和多层次寻求解决问题的途径。在多方案比较中求新、求异和选优，设计出更具竞争力的新颖产品。设计者应具有强烈的创新意识，了解创造性思维的特点，掌握一定的创造原理和创造技法，并将它运用到方案设计中去。

2.1.2　功能原理方案的创新设计

采用系统工程方法进行原理方案设计，是基于功能原理的方案设计，围绕功能分析构思机械工作原理和工艺动作的过程，即将机械产品的功能目标转化为工艺动作的过程。同一个功能目标可由不同的工作原理来实现；不同的工作原理，其所要求的运动规律和机构设计一般也不同。因此，功能原理方案的拟订，从质的方面决定了机械的设计水平和综合性能，它是机械设计中实现创新和质的跃变的阶段。

1. 功能的描述

工作原理构思的关键是满足产品的功能要求。功能是产品或技术系统特定工作能力抽象化的描述，如钢笔的功能是存送墨水，电动机的功能是能量转化——电能转化为机械能。在进行功能原理方案设计时，对设计对象功能的描述要准确和简洁，要通过合理抽象来抓住本质。这样可使设计思路开阔，为工作原理方案设计提供一个宽松的范围与空间，更有利于设计的创新。

例如，要设计一个夹紧装置，若将功能描述为"机械夹紧"，设计者联想到的工作原理必为机械手段，如楔块夹紧、偏心盘夹紧、弹簧夹紧和螺旋夹紧等；若将功能描述为"压力夹紧"，则设计者的思路会更宽，除上述机械手段外，还会联想到液压、气动和电磁等更多的技术和方法，构思出更多种功能原理方案，从而设计出新颖的夹紧装置。

2. 工作原理的构思

为实现某一功能，可采用多种工作原理方案。例如，印刷机、点钞机和包装机等设备要实现从层叠纸中分纸的功能，就有切向力、摩擦力、离心力、重力、气体吹力、负压吸力和静电吸力等七种分纸原理方案可供选择。

确定机械的工作原理或工艺过程，主要依靠对各种功能原理的深刻理解和巧妙构思来实现。因此，除了认真分析产品的功能目标，详细了解各种技术原理和操作方法外，还应注意运用各种思维方法，拓宽思路，大胆设想，在较大领域内进行工作原理的搜索，然后优化筛选，去粗存精。

在构思机械产品的工作原理时，应采取定向发散思维方式。这种思维方式的特点是具有规律性和可搜索性。例如要制造齿轮，经过功能分析，得到的结论是要解决"改变物料形状和制品成形"的问题。于是，可通过机械加工成形或无切削成形的方法实现。沿着机械加工的思路构思，可拟订出仿形法加工和展成法加工的工作原理；沿着无切削成形的思路构思，可拟订出铸造、冲压、挤压和粉末冶金等方面的工作原理。展成法原理的应用有插齿和滚齿等类型，挤压原理的应用有螺旋挤压和合模挤压等类型。

显然，运用定向思维方式进行定向搜索，可获得具有树状结构规律的工作原理，经过比较、优化和筛选，从而确定出一个较为理想的工作原理。

在构思机械产品的工作原理时，还应运用多向思维和联想思维进行思索。多向思维具有突发性、偶然性和独创性，联想思维具有形象性、运动性和创造性，它们是创新活动的出发点。要想圆满地完成机械创新设计，需要在科学原理应用上有新的突破或在技术基础研究方面有新的构想。否则，在新产品设计中，只是单纯模仿已有产品的功能原理，进行类比设计。由于设计思想的束缚，可能习惯于走老路，导致机械创新设计成为一纸空文。因此，只有积极地运用多向思维和联想思维，依据所具备的知识、经验和方法，从不同方向和角度，通过仔细观察和丰富联想，凭借直觉和想象产生新设想、新概念和新方案，才能获得创新成果。

通过对某些特定机构工作原理的多向思索和巧妙构思，能够扩展机构的功能应用范围。例如大家熟知的螺旋机构，除可作为螺旋压力机和千斤顶等设备的传力螺旋、输送机构的传导螺旋或机床的进给螺旋外，人们还利用其螺杆和螺母的相对运动特点，设计出螺旋差动机构和微动机构，用于调整和测量；利用其自锁性特点，将其应用于连接；利用其螺旋面间有空隙的特点，将其应用于物料的推进和挤压，设计出各种螺旋挤出机和螺杆泵等。

在创新设计中，联想思维的运用除体现在受已有机械产品工作原理的启发、联想、改进而进行技术改造活动，还体现在对日常生活中各种现象的观察或受自然界各种动作的启发而联想，由联想而发明和创造。例如，观察水烧开时的蒸汽顶开水壶盖，通过联想发明了蒸汽机；观察鱼在水中的活动，通过联想发明了潜水艇；受牛奶分离器分离奶油的启发，设计出了洗衣机中高速旋转的甩干篮。

3. 工艺动作的分解

工艺动作是由执行构件来完成的。机械最容易实现的运动形式是转动、移动和摆动，对于复杂的工艺动作，由单一机构的运动来完成是很困难的，对此强行思索也是不现实的。通常采取的办法是把复杂的工艺动作分解成几个简单动作，然后通过机构或结构的组合进行各动作的协调配合，来完成复杂的工艺动作要求。例如，插齿机上插刀要完成切削、展成和让刀等工艺动作，很难构思出一个机构能实现这样复杂的运动。在设计时，可以先将插刀的动作进行分解，切割由移动来实现，展成由转动来实现，让刀由间歇运动来实现，然后进行各动作的协调配合，使插刀复杂的工艺动作得以实现。

在设计机械系统时，同样应将工艺动作过程分解成几个容易实现的子工艺动作，依靠多个执行机构的配合协调来实现总功能。例如蜂窝煤成形机的设计，其工艺动作过程为：煤粉的输送及往模型腔中加料→冲压成形→清扫冲头及出煤盘上的煤屑→把成形的蜂窝煤从模具中脱出→输送蜂窝煤。

设计时可将工艺动作分解为：

1）冲压机构完成冲压蜂窝煤的动作。
2）间歇运动机构完成带有周向模孔的出煤盘的间歇性运动。
3）扫屑机构完成清扫冲头及出煤盘的动作。
4）脱煤机构完成把蜂窝煤从模具中脱出的动作。
5）输送机构完成输送成形蜂窝煤的功能。

最后，再根据要求进行各机构运动的配合协调设计。

4. 机械运动循环图的制订

当设计的机械有多个执行构件，且各执行构件的动作关系互相制约时，在设计中必须将各子工艺动作进行协调配合，以保证各执行构件间运动的协调性，使机器正常工作。进行运动协调设计的依据是机械运动循环图。

各工艺动作的协调配合，主要是指各执行构件的动作在时间和位置上的协调。如牛头刨床刨削工件时，其工作台的进给运动必须在刨刀非切削时间内进行；自动机械工作台的转位，除了在时间上要协调以外，在位置上还必须保证转位后的停止位置准确。大多数机械的工作过程是呈周期性的，如在自动机械中，零件的毛坯从开始进入加工到加工完毕的时间间隔，称为自动机械的一个工作循环。而机械中完成各工艺动作的执行构件，又往往有它自己的工作循环，通常有工作行程、空回行程和静止三个阶段。常用图表的形式来表示每个工艺动作在机械工作循环中的相对时间间隔，以确保各工艺动作的运动协调性。由于这种动作协调关系呈周期性循环，所以这种动作关系的协调图称为机械运动循环图。

机械运动循环图通常可采用直角坐标形式的直线循环图来表示，横坐标表示输入轴的位置，纵坐标表示各执行构件的位置。在分析机械工艺动作过程的基础上，制订机械运动循环图的主要步骤为：

1）分析各工艺动作的特点，确定一个主要动作，以此作为其他动作的位置基准。

2）设定主要动作的运动循环周期，并取有代表性的特征位置为起点。若输入运动为转动，循环周期常设定为360°（设轴转动一周，各执行构件均完成一个运动循环）。

3）分析其他动作相对主要动作的次序及衔接位置，两动作的衔接处应有一定的时间间隔，以避免运动干涉。

通过运动循环图，可清楚地看到各工艺动作在运动循环周期中的先后顺序和相对时间间隔，从而可以指导机械中各机构的设计和组合。因此，制订机械运动循环图是机械方案设计中的重要环节，必须认真对待。

2.2 机构的创新设计

一个好的机械原理方案能否实现，机构设计是关键。而机构设计中最富有创造性和最关键的环节，则是机构的形式设计。常用机构形式设计的方法有两大类，即机构选型和机构构型。

2.2.1 机构形式设计的原则

机构形式设计具有多样性和复杂性。满足同一原理方案的要求时，可采用不同的机构类型。在进行机构形式设计时，除了满足基本的运动形式、运动规律或运动轨迹要求外，还应遵循以下几项原则。

1. 机构尽可能简单

（1）机构运动链尽量简短　完成同样的运动要求，应优先选用构件数和运动副数最少的机构，这样可以简化机器的构造，从而减轻重量和降低成本。此外，也可减少由于零件的制造误差而形成的运动链累积误差，从而提高零件加工工艺性和增强机构工作可靠性。运动链简短也有利于提高机构的刚度，减少产生振动的环节。考虑以上因素，在机构选型时，有时宁可采用有较小设计误差的简单近似机构，而不采用理论上无误差但结构复杂的机构。图2-1所示为实现直线轨迹的机构，其中图2-1a所示为 E 点有近似直线轨迹的四杆机构，图2-1b所示为理论上 E 点有精确直线轨迹的八杆机构。实际分析表明，在保证同一制造精度条

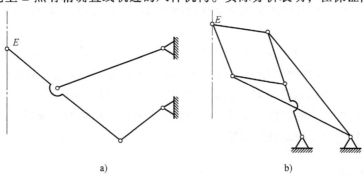

a)   b)

图2-1 实现直线轨迹的机构

件下，后者的实际传动误差约为前者的 2～3 倍，其主要原因在于运动副数目增多而造成运动累积误差增大。

（2）适当选择运动副　在基本机构中，高副机构只有三个构件和三个运动副，低副机构则至少有四个构件和四个运动副。因此，从减少构件数和运动副数，以及设计简便等方面考虑，应优先采用高副机构。但从低副机构的运动副元素加工方便、容易保证配合精度，以及有较高的承载能力等方面考虑，应优先采用低副机构。究竟选择何种机构，应根据具体设计要求全面衡量得失，尽可能做到"扬长避短"。在一般情况下，应优先考虑低副机构，而且尽量少采用移动副（制造中不易保证高精度，运动中易出现自锁）。在执行构件的运动规律要求复杂、采用连杆机构很难完成精确设计时，应考虑采用高副机构，如凸轮机构或连杆-凸轮组合机构。

（3）适当选择原动机　执行机构的形式与原动机的形式密切相关，不要仅局限于选择传统的电动机驱动形式。在只要求执行构件实现简单的工作位置变换的机构中，采用气压缸或液压缸作为原动机比较方便。它同采用电动机驱动相比，可省去一些减速传动机构和运动变换机构，可以缩短运动链，简化结构，并且具有传动平稳、操作方便和易于调速等优点。

此外，改变原动机的传输方式，也可能使结构简化。在多个执行构件运动的复杂机器中，若由单机统一驱动改成多机分别驱动，虽然增加了原动机的数目和电控部分的要求，但传动部分的运动链大为简化，功率消耗也可减少。因此，在一台机器中，只采用一个原动机驱动不一定就是最佳方案。

（4）选用广义机构　不要仅限于刚性机构，还可选用柔性机构，以及利用光、电、磁和利用摩擦、重力、惯性等原理工作的广义机构，许多场合可使机构更加简单和实用。

2．尽量缩小机构尺寸

机械的尺寸和重量随所选用的机构类型不同而有很大差别。众所周知，在相同的传动比情况下，周转轮系减速器的尺寸和重量比普通定轴轮系减速器要小得多。在连杆机构和齿轮机构中，也可利用齿轮传动时节圆做纯滚动的原理或利用杠杆放大或缩小的原理等来缩小机构尺寸。一般说来，圆柱凸轮机构尺寸比较紧凑，尤其是在从动件行程较大的情况下。盘状凸轮机构的尺寸也可借助杠杆原理相应缩小。

（1）采用传动角较大的机构　要尽可能选择传动角较大的机构，以提高机器的传力效率，减少功耗。尤其对于传力大的机构，这一点更为重要。例如在可获得执行构件为往复摆动的连杆机构中，摆动导杆机构更为理想，其压力角始终为零。从减小运动副摩擦、防止机构出现自锁方面考虑，则尽可能采用全由转动副组成的连杆机构，因为转动副制造方便，摩擦小，机构传动灵活。

（2）采用增力机构　对于执行构件行程不大，而短时克服工作阻力很大的机构（如冲压机械中的主机构），应采用"增力"的方法，即瞬时有较大机械增益的机构。

（3）采用对称布置的机构　对于高速运转的机构，其做往复运动和平面一般运动的构件，以及偏心的回转构件的惯性力和惯性力矩较大，在选择机构时，应尽可能考虑机构的对称性，以减小运转过程中的动载荷和振动。

2.2.2　机构选型

所谓机构选型，是指利用发散思维的方法，将前人创造发明出的各种机构按照运动特性或实现的功能进行分类，然后根据原理方案确定执行构件所需要的运动特性或实现功能进行搜索、选择、比较和评价，选出合适的机构形式。

1. 按运动形式要求选择机构

机构选型时，一般先按执行构件的运动形式要求选择机构，同时还应考虑机构的功能特点和原动机的形式。这里以原动机采用电动机为例，说明机构选型的基本方法。

在机械系统中，电动机输出轴的运动为转动，经过速度变换后，执行机构原动件的运动形式也为转动，而完成各分功能的执行构件是各种各样的，如双曲柄机构、转动导杆机构、滑块曲柄机构、非圆齿轮机构、挠性件传动机构、齿轮齿条机构、移动凸轮机构、棘轮机构、槽轮机构、铰链四杆机构和行星轮系等。

实现同一功能或运动形式要求的机构可以有多种类型。选型时应尽可能将现有的各种机构搜索到，以便挑选出最优方案。

2. 机构方案的评价

满足同一运动形式或功能要求的机构方案有很多，应从运动性能、工作性能和动力性能等方面对这些方案进行综合评价。评价指标和具体项目还需要依据实际情况加以增减和完善，以形成一个比较完整的评价指标。

所谓评价体系，是通过一定范围内的专家咨询，确定评价指标及其评定方法。对于不同的设计任务，应根据具体情况，拟订不同的评价体系。例如，对于重载的机械，应对其承载能力这方面性能给予较大的权重；对于加速度较大的机械，应特别重视其振动和噪声等方面的问题。针对具体的设计任务，科学地选取评价指标和建立评价体系是一项十分细致和复杂的工作，也是设计者面临的重要问题。只有建立科学的评价体系，才可以避免个人决定的主观片面性，减少盲目性，从而提高设计的质量和效率。

2.2.3 机构构型

当应用选型的方法初选出的机构形式不能完全实现预期要求，或虽能实现功能要求，但存在着结构复杂、运动精度不高或动力性能欠佳等缺点时，设计者可以采用创新构型的方法，重新构筑机构形式，这是比机构选型更具创造性的工作。

机构创新构型的基本思路是：以通过选型初步确定的机构方案为雏形，通过组合、变异和再生等方法进行突破，获得新的机构。机构创新构型的方法很多，这里仅介绍几种常用的方法。

1. 利用组合原理构型新机构

机器可用来减轻人们繁重的体力劳动，执行机构需要实现人们在劳动中的各种动作，如转动、移动、摆动、间歇运动，以及按预期的轨迹运动等。生产的发展，以及机械化和自动化程度的提高，对机器运动规律和动力特性都提出了更高的要求。简单的齿轮、连杆和凸轮等机构往往不能满足上述要求。例如，连杆机构难以实现一些特殊的运动规律；凸轮机构虽然可以实现任意运动规律，但行程不能调整；齿轮机构虽然具有良好的运动和动力特性，但运动形式简单；棘轮机构和槽轮机构等间歇运动机构的运动和动力特性均不理想，具有不可避免的速度和加速度波动，以及冲击和振动。为了解决上述问题，可以将两种以上的基本机构进行组合，充分利用各自的良好性能，改善其不良特性，创造出能够满足原理方案要求的、具有良好运动和动力特性的新型机构。

组合机构的类型很多，每种组合机构都具有各自的型组合、尺寸综合及分析设计方法。组合机构结构比较复杂，设计计算烦琐，研究起来比较困难。这里按照组成组合机构的基本机构来分类介绍常用组合机构的性能特点和适用场合。

（1）齿轮-连杆机构　它能实现间歇传送运动，实现大摆角或大行程的往复运动或比较精确地实现给定的运动轨迹。

（2）凸轮-连杆机构　它较齿轮-连杆机构更能精确地实现给定的复杂运动规律和轨迹。凸轮机构虽然也能实现任意给定运动规律的往复运动，但在从动件做往复摆动时，受压力角的限制，其摆角不能太大。将简单的连杆机构与凸轮机构组合起来，可以克服上述缺点，获得很好的效果。

（3）齿轮-凸轮机构　它常以自由度为 2 的差动轮系为基础机构，并且利用凸轮机构作为附加机构。后者使差动轮系中的两构件有一定的运动联系，约束一个自由度，组成自由度为 1 的封闭式组合机构。齿轮-凸轮机构主要应用于实现给定运动规律的变速回转运动或实现给定运动轨迹的场合。

2．利用机构的变异构型新机构

为了实现某个工艺动作要求，或为了使机构具有某些特殊的性能，改变现有的机构结构，演变发展出新机构的设计，称为机构变异构型。机构变异构型的方法很多，下面给出了几种常用的变异构型方法。

（1）机构的倒置　机构的运动构件与机架互换，称为机构的倒置。按照相对运动原理，机构倒置后各构件间的相对运动关系不变，但可以得到不同特性的机构。

（2）机构的扩展　以原有机构作为基础，增加新的构件，构成一个新机构，称为机构的扩展。机构扩展后，原有各构件间的相对运动关系不变，但所构成新机构的某些性能与原机构有很大差别。

（3）机构局部结构改变　改变机构的局部结构，可以获得有特殊运动特性的机构。改变机构的局部结构最常见的情况是，机构的主动件被另一自由度为 1 的机构或构件组合所置换。

（4）机构结构的移植和模仿　将一机构中的某种结构应用于另一种机构中的设计方法，称为结构的移植。利用某一结构特点设计新机构，称为结构的模仿。要有效地利用结构的移植和模仿构型出新的机构，必须注意了解和掌握一些机构之间实质上的共同点，以便在不同条件下灵活运用。例如，圆柱齿轮半径无限增大时，齿轮演变为齿条，运动形式由转动演变为直线移动。运动形式虽然改变了，但齿廓啮合的工作原理没有改变。这种变异方式，可视为移植中的变异。掌握了机构之间这一实质性的共同点，可以开拓直线移动机构的设计途径。

（5）运动副的变异　改变机构中运动副的形式，可构型出不同运动性能的机构。运动副的变换方式有很多种，常用的有高副与低副之间的变换、运动副尺寸的变换和运动副类型的变换。

3．利用再生运动链法构型新机构

在设计一个新机构时，要构想出能达到预期动作要求的机构，往往非常困难。如果借鉴现有机构的运动链形式，进行类型创新和变异，可得到新的机构类型，这种设计方法称为再生运动链法。

（1）再生运动链法创新设计流程 再生运动链法基于机构的杆组组成原理，将一个具体的机构抽象为一般化运动链，然后按该机构的功能所赋予的约束条件，演化出众多的再生运动链和相应的新机构。这种机构创新设计方法的流程如图2-2所示。根据这一流程，可推导出许多与原始机构具有相同功能的新机构。

（2）一般化原则 将原始机构运动简图抽象为一般化运动链的原则为：

1）将非刚性构件转化为刚性构件。

2）将非连杆形状的构件转化为连杆。

3）将非转动副转化为转动副。

4）将固定杆的约束予以解除，机构成为运动链。

5）运动链自由度应保持不变。

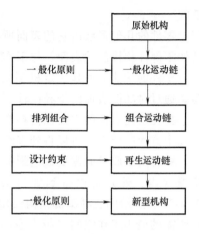

图2-2 再生运动链法创新设计流程

（3）连杆类配 将机构中固定构件的约束解除后，该机构转化为运动链。每一个运动链中包含带有运动副数量不同的各类连杆的组合，称为连杆类配。

连杆类配分为自身连杆类配及相关连杆类配两类。自身连杆类配是按原始机构的一般化运动链（简称原始运动链）的连杆类配，而相关连杆类配是指按照运动链自由度不变的原则，由原始运动链推出与其具有相同连杆数和运动副数的连杆类配。

2.3 机械结构设计与创新

2.3.1 结构方案的变异设计

机械结构设计的重要特征之一是设计问题的多解性，即满足同一设计要求的机械结构并不是唯一的。通常在结构设计中，很容易得到一个可行的结构方案，然后从这一可行结构方案出发，通过变换得到大量的可行方案，接着再对这些方案中的参数进行优化，得到多个局部最优解，最后对这些局部最优解进行分析和比较，就能够得到较优解或全局最优解。变异设计的目的，就是寻求满足设计要求的独立设计方案，以便对其进行参数优化设计。由变异设计得到的独立设计方案越多，覆盖的范围越广泛，则优化后得到全局最优解的可能性就越大。

变异设计的基本方法是通过对结构设计方案的分析，得到该结构设计方案所包含的技术要素，再分析每一个技术要素的取值范围，通过对这些技术要素在各自的取值范围内的充分组合，就可获得足够多的独立结构设计方案。

变异设计的目的是为设计提供大量的可供选择的设计方案，方便设计者在其中进行评价、比较和选择，并进行参数优化。

一般机械结构的技术要素包括零件的几何形状、零件之间的联接和零件的材料及热处理方式。以下分别分析这几个技术要素的变异设计方法。

1. 功能表面的变异

机械结构的功能主要是靠机械零部件的几何形状及各个零部件之间的相对位置关系实

现的。

零件的几何形状由它的表面所构成，一个零件通常由多个表面构成，在这些表面中，与其他零部件相接触的表面、与工作介质或被加工物体相接触的表面称为功能表面。

零件的功能表面是决定机械功能的重要因素，功能表面的设计是零部件设计的核心问题。通过对功能表面的变异设计，可以得到实现同一技术功能的多种结构方案。

描述功能表面的主要几何参数有表面的形状、尺寸、表面数量、位置和顺序等。通过对这几个方面的变异，可以得到多组构型方案。

螺钉用于联接时需要通过螺钉头部对其进行拧紧，而变换旋拧功能表面的形状、数量和位置（内、外）可以得到螺钉头的多种设计方案。图2-3中给出了十二种方案，其中图2-3a~c所示的三种头部结构使用一般扳手拧紧，可获得较大的预紧力，但不同的头部形状所需的最小工作空间（扳手空间）不同；滚花型（图2-3d）和元宝型（图2-3e）钉头用于手工拧紧，不需专门工具，使用方便；图2-3f~h中，扳手作用在螺钉头的内表面，可使螺纹联接件表面整齐美观；图2-3i~l所示分别是用十字槽螺钉旋具和一字槽螺钉旋具拧紧的螺钉头部形状，所需的扳手空间小，但拧紧力矩也小。可以想象，还有许多可以作为螺钉头部形状的设计方案，实际上所有的可加工表面都是可选方案，只是不同的头部形状需要用不同的专用工具拧紧，在设计新的螺钉头部形状方案时，要同时考虑拧紧工具的形状和操作方法。

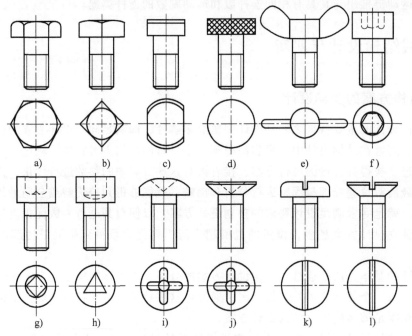

图 2-3 螺钉头功能面变型

2. 联接的变异

机器中的零部件通过各种各样的联接组成完整的机器。

机器由零件组成，一个不与其他零部件相接触的零件具有六个自由度。机械设计中，通过规定零件之间适当的联接方式限制零件的某些自由度，保留机器实现功能所必需的自由度，使机器在工作中能够实现确定形式的运动关系。

联接的作用是通过零件的工作表面与其他零件相应表面的接触来实现的，不同形式的联接中，由于相接触的工作表面形状不同，表面间所施加的紧固力不同，从而对零件的自由度形成不同的约束。

以轴毂联接为例，按照设计要求，轴与轮毂的联接对相对运动自由度的限制可能有以下几种情况：

（1）固定联接　联接后轴与轮毂完全固定，不具有相对运动自由度，通常的轴毂联接多为这种情况。这种轴毂联接需要限制六个相对运动自由度。

（2）滑动联接　联接后轮毂可在轴上滑动，其他相对运动自由度被限制。例如齿轮变速机构中的滑移齿轮与轴的联接就属于这种联接。这种轴联接需要限制五个相对运动自由度。

（3）转动联接　联接后轮毂可在轴上绕轴线转动，其他相对运动自由度被限制。例如齿轮箱中为解决润滑问题设置的油轮与固定心轴的联接就属于这种情况。这种轴毂联接也需要限制五个相对运动自由度。

（4）移动、转动联接　联接后轮毂在轴上既可以移动，又可以绕轴线转动，其他相对运动自由度被限制。这种联接应用较少，如有些汽车变速器中的倒档齿轮与固定心轴的联接属于这种情况。这种轴毂联接需要限制四个相对运动自由度。

第一种情况为固定式联接，限制条件少，所有满足可加工性和可装配性条件的表面形状都可以作为这种轴毂联接的表面形状，通过变换用以限制零件间相对运动自由度的方法和结构要素，可以得到多种轴毂联接方式。

第二种情况由于轮毂要相对于轴移动，所以轴表面必须是除完整圆柱面以外的其他柱面，通过改变轴的截面形状可以形成不同的联接形式，常用的有滑键联接、导向键联接、花键联接和特形柱面联接（如方形轴联接）等。

在第三种情况和第四种情况的联接中，由于轮毂要相对于轴转动，所以联接中轴的截面形状必须是圆形；第四种情况由于轮毂要相对于轴移动，所以联接中轴的表面形状必须是柱面（不能是锥面），第三种情况下考虑加工方便和避免产生附加轴向力通常也采用柱面。综合这两点分析，这两种联接中的轴表面形状为圆柱面。

3. 支承的变异

轴系的工作性能与它的支承设计状况和质量密切相关，旋转轴至少需要两个相距一定距离的支点支承。支承的变异设计包括支点位置变异和支点轴承的种类及其组合的变异。

以锥齿轮传动（两轴夹角为90°）为例分析支点位置变异问题（以下假设为滚动轴承轴系）。锥齿轮传动的两轴各有两个支点，每个支点相对于传动零件的位置可以在左侧，也可以在右侧，两个支点的位置可能有图2-4所示三种组合方式。

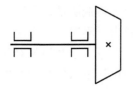 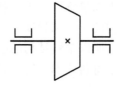 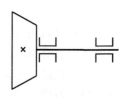

图2-4　单轴支点位置变异

将两轴的支点位置进行组合可以得到九种结构方案，如图 2-5 所示。

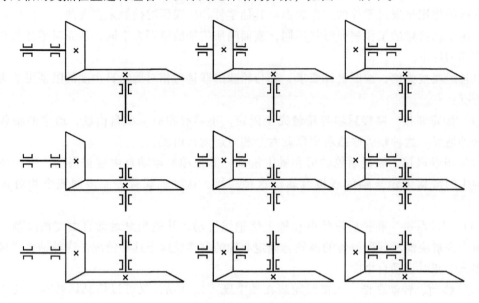

图 2-5　锥齿轮传动轴系支点位置变异

4. 材料的变异

在机械设计中，可以选择的材料种类众多，不同的材料具有不同的性能，不同的材料对应不同的加工工艺。在结构设计过程中，既要根据功能的要求合理地选择材料，又要根据材料的种类确定合适的加工工艺，并根据加工工艺的要求确定合理的结构，只有合理的结构设计才能使所选择的材料最充分地发挥优势。

设计者要做到正确地选择结构材料，就必须充分地了解所选材料的力学性能、加工性能和使用成本等信息。

例如，在弹性联轴器的设计中，需要选择弹性元件的材料。选择不同的弹性元件材料，导致联轴器的结构差别很大，对联轴器的工作性能也有不同的影响。可作为弹性元件的材料主要有金属、橡胶、尼龙和胶木等。金属材料具有较高的强度和较长的寿命，所以常用于要求承载能力大的场合；橡胶材料的弹性变形范围大，变形曲线呈非线性，可用简单的形状实现大变形量、综合可移性要求，但是橡胶材料的强度差，寿命短，常用在承载能力要求较小的场合。由于弹性元件的寿命短，使用中需要多次更换，在结构设计中应考虑便于更换弹性元件，为更换弹性元件留有必要的操作空间，使更换弹性元件所必须拆卸和移动的零件尽量少。

设计的结果要通过制造和装配实现。结构设计中如果能根据所选材料的工艺特点合理地确定结构形式，则会简化制造过程。在钢结构设计过程中，通常采用加大截面尺寸的方法增大结构的强度和刚度，但是铸造结构中如果壁厚过大，则很难保证铸造质量，所以铸造结构通常通过加肋板和隔板的方法增强结构的刚度和强度。塑料材料由于刚度差，浇注后冷却不均匀造成的内应力容易引起结构翘曲，所以塑料结构的肋板应与壁厚相近并均匀对称。陶瓷结构的模具成本和烧结工艺成本远大于材料成本，所以陶瓷结构设计中为使结构简单，通常不考虑节省材料的原则。

2.3.2　提高性能的设计

机械产品的性能与设计原理有关，但是结构设计质量也直接影响产品的性能，甚至影响产品功能的实现。下面分别分析为提高结构的强度、刚度、精度和工艺性等方面性能常采用的设计方法和设计原则，通过这些分析可以对结构的创新设计提供可供借鉴的思路。

1. 提高强度和刚度的设计

强度和刚度是结构设计的基本问题。采用正确的结构设计，可以减小单位载荷所引起的材料应力和变形量，提高结构的承载能力。

强度和刚度都与结构受力有关，在外载荷不变的情况下，降低结构受力是提高强度和刚度的有效措施。

（1）载荷分担　载荷引起结构受力，如果多种载荷作用在同一结构上就可能引起局部应力过大。在结构设计中，应使载荷由多个结构分别承担。这样有利于降低危险结构处的应力，从而提高结构的承载能力，这种方法称为载荷分担。

图 2-6a 所示为蜗杆轴系结构，蜗杆传动产生的轴向力较大，使得轴承在承受径向载荷的同时承受较大的轴向载荷。在图 2-6b 所示的结构中，增加了专门承受双向轴向载荷的双向推力球轴承，使得各轴承分别发挥各自承载能力的优势。

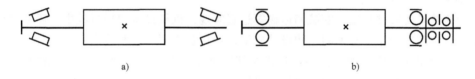

a)　　　　　　　　　　　　　　　b)

图 2-6　蜗杆轴系结构

（2）载荷平衡　在机械传动过程中，如果使不做功的力相互构成平衡力系，则零件不受这些载荷的影响，有利于提高结构的承载能力。

（3）减小应力集中　应力集中是影响承受交变应力结构承载能力的重要因素，结构设计中应设法缓解应力集中。在零件的截面形状发生变化处力流会发生变化，局部力流密度的增加引起应力集中。零件截面形状的变化越突然，应力集中就越严重。在结构设计过程中，应尽量避免使结构受力较大处的零件形状突然变化，以减小应力集中对强度的影响。在零件受力变形时，不同位置的变形阻力（刚度）不同，也会引起应力集中。设计中通过降低应力集中处附近的局部刚度，可以有效地降低应力集中。

由于结构定位等功能的需要，在大部分结构中，不可避免地会出现结构尺寸及形状的变化，这些变化都会引起应力集中。如果多种变化出现在同一结构截面处，将引起严重的应力集中，所以在结构设计中应尽量避免这种情况。

（4）减小接触应力　高副接触零件的接触强度和接触刚度都与接触点的综合曲率半径有关。设法增大接触点的综合曲率半径是提高这类零件工作能力的重要措施。

渐开线齿轮齿面不同位置处的曲率半径不同，采用正变位可使齿面的工作位置向曲率半径较大的方向移动，对提高齿轮的接触强度和弯曲强度都非常有利。

2. 提高精度的设计

现代设计对精度提出了越来越高的要求。通过结构设计可以减小由于制造和安装等原因产生的原始误差，减小由于温度、磨损和构件变形等原因产生的工作误差，减小执行机构对各项误差的敏感程度，从而提高产品的精度。

（1）误差均化　制造和安装过程中产生误差是不可避免的。采用合理的结构设计，可以在原始误差不变的情况下，使执行机构的误差较小。试验证明，螺旋传动的误差可以小于螺杆本身的螺距误差。

（2）误差合理配置　在机床主轴结构设计中，提高主轴前沿（工作端）的旋转精度是很重要的设计目标。主轴前支点轴承和主轴后支点轴承的精度都会影响主轴前端的旋转精度，但是影响的程度不相同。

（3）误差传递　在机械传动系统中，各级传动件都会产生运动误差，传动件在传送必要运动的同时，也不可避免地将误差传递给下一级传动件。

（4）误差补偿　在机械结构工作过程中，由于温度变化、受力和磨损等因素，导致零部件的形状及相对位置关系发生变化，影响机械结构的工作精度。温度变化、受力后的变形和磨损等过程都是不可避免的，但是好的结构设计可以减少这些因素对工作精度造成的影响。

（5）采用误差较小的近似机构　为简化机构而采用某些近似机构，通常会引入原理误差。在条件允许时，采用近似性较好的近似机构，可以减小原理误差。

3.　提高工艺性的设计

设计的结果要通过制造、安装和运输等过程实现，机械设备使用过程中，还要多次对其进行维修、调整等操作，合理的结构设计应使这些过程方便和顺利地进行。

（1）方便装夹　大量的零件要经过机械切削加工工艺过程，多数机械切削加工过程中首先要对零件进行装夹。结构设计要根据机械切削加工机床的设备特点，为装夹过程提供必要的夹持面。夹持面的形状和位置应使零件在切削力的作用下具有足够的刚度，零件上的被加工面应能够通过尽量少的装夹次数得以完成。如果能够通过一次装夹对零件上的多个相关表面进行加工，这将有效地提高加工效率。

（2）方便加工　切削加工所要形成的几何表面数量和种类越多，加工所需的工作量就越大。在结构设计中，尽量减少加工表面的数量和种类是一条重要的设计原则。例如，齿轮箱中同一轴系两端的轴承受力通常不相等，但是如果将两轴承选为不同型号，两轴承孔成为两个不同尺寸的几何表面，加工工作量将加大。为此，通常将轴系两端轴承选为相同型号。如必须将其选为不同尺寸的轴承时，可在尺寸较小的轴承外径处加装套杯。结构设计中如果为加工过程创造条件，使得某些加工过程可以成组进行，将会明显地提高加工效率。

（3）简化装配、调整和拆卸　加工好的零部件要经过装配才能成为完整的机器，装配的质量直接影响机器设备的运行质量。设计中是否考虑装配过程的需要，也直接影响装配工作的难度。

随着装配过程自动化程度的提高，越来越多的装配工作应用了装配自动线或装配机器人。这些自动化设备具有很高的工作速度，但是对零件微小差别的分辨能力比人差很多，这就要求设计人员应减少那些具有微小差别的零件种类，或增加容易识别的明显标志，或将相似的零件在可能的情况下消除差别，合并为同一种零件。

在机械设计中很多设计参数是依靠调整过程实现的。当对机器进行维修时，要破坏某些经过调整的装配关系，维修后需要重新调整这些参数，这就增加了维修工作的难度。在结构设计过程中，应减少维修工作中对已有装配关系的破坏，使维修更容易进行。

机械设备中的某些零部件由于材料或结构的关系，使用寿命较短。这些零部件在设备的使用周期内需要多次更换，结构设计中要考虑这些易损零件更换的可能性和方便程度。

2.3.3 结构的宜人化设计

大多数机器设备需要人来操作。在早期的机械设计中，设计者认为通过选拔和训练可以使人适应任何复杂的机器设备。但是随着设计和制造水平的提高，机器的复杂程度、工作速度、对操作人员的知识和技能水平要求越来越高，人已经很难适应这样的机器，由于操作不当造成的事故越来越多。据统计，在第二次世界大战期间，美国飞机所发生的飞行事故中有90%是由于人为因素造成的。这些事实使人们认识到，不能要求操作者无限制地适应机器的要求，而应使机器的操作方法适应人的生理和心理特点，只有这样才能使操作者在最佳的生理及心理状态下工作，使人和机器所组成的人-机系统发挥最佳效能。

下面将分析设计中考虑操作者生理和心理特点应遵循的基本原则。它不但是进行创新结构设计的原则，同时也可为创新结构设计提供启示。对现有机械设备及工具的宜人化改进设计，是创新结构设计的一种有效方法。

1. 适合人生理特点的结构设计

人在对机械的操作中，通过肌肉发力对机械做功，采用合理的结构设计，能够保证操作者在操作中不容易疲劳。它是使其连续正确操作的重要前提条件。

（1）减少疲劳的设计　人体在操作中靠肌肉的收缩对外做功，做功所需的能量物质（糖和氧）要依靠血液输送到肌肉。如果血液不能输送足够的氧，则糖会在无氧或缺氧的状态下进行不完全分解，不但释放出的能量少，而且会产生代谢中间产物——乳酸。乳酸不易排泄，乳酸在肌肉中的积累会引起肌肉疲劳、疼痛和反应迟钝。长期使某些部位的肌肉处于这种工作状态会对肌肉、肌膜、关节及相邻组织造成永久性损害，机械设计应避免使操作者在这样的状态下工作。

当操作人员长时间保持某一种姿势时，身体的某些肌肉长期处于收缩状态，肌肉压迫血管使血液流通受阻，血液不能为肌肉输送足够的氧，肌肉的这种工作状态称为静态肌肉施力状态。设计与操作有关的结构时，应考虑操作者的肌肉受力状态，尽力避免使肌肉处于静态肌肉施力状态。

（2）容易发力的设计　操作者在操作机器时需要用力。人处于不同姿势、不同方向用力时，发力能力差别很大。试验表明：人手臂发力能力的一般规律是右手发力大于左手，向下发力大于向上发力，向内发力大于向外发力，拉力大于推力，沿手臂方向发力大于垂直手臂方向发力。

人以站立姿势操作时，手臂所能施加的操纵力明显大于坐姿时。但是，长时间站立容易疲劳，站姿下操作的动作精度比坐姿下操作的精度低。

综合以上分析，在设计需要人操作的机器时，首先要选择操作者的操作姿势，一般优先选择坐姿，特别是动作频率高、精度高和动作幅度小的操作，或需要手脚并用的操作。当需要施加较大的操纵力，或需要的操作动作范围较大，或因操作空间狭小，无容膝空间时，可以选择站姿。操纵力的施加方向，应选择人容易发力的方向。施力的方式应避免使操作者长时间保持一种姿势。当操作者必须以不平衡姿势进行操作时，应为操作者设置辅助支撑物。

2. 适合人心理特点的结构设计

对于复杂的机械设备，操作者要根据设备的运行状况随时对其进行调整。操作者对设备工作情况的正确判断，是进行正确调整操作的基本条件之一。

（1）减少观察错误的设计　在由人和机器组成的系统中，人起着对系统的工作状况进行调节的"调节器"作用。人的正确调节，来源于人对机器工作情况的正确了解和判断。所以在人-机系统设计中，使操作者能够及时、正确和全面地了解机器的工作状况是非常重要的。

操作者了解机器的工作情况主要通过机器上设置的各种显示装置（显示器），其中使用最多的是作用于人视觉的视觉显示器，而这其中又以显示仪表应用最为广泛。

在显示仪表的设计中，应使操作者观察方便，观察后容易正确地理解仪表显示的内容。这要通过正确地选择仪表的显示形式、仪表的刻度分布、仪表的摆放位置以及多个仪表的组合实现。

选择显示器形式主要应依据显示器的功能特点和人的视觉特性。通常在同一应用场合，应选用同一形式的仪表，同样的刻度排列方向，以减少操作者的认读障碍。仪表摆放位置的选择，应以方便认读为标准。

（2）减少操作错误的设计　人在了解机器工作状况的前提下，通过操作对机器的工作进行必要调整，使其在更符合操作者意图的状态下工作。人通过控制器对机器进行调整，通过反馈信息了解调整的效果。控制器的设计应使操作者在较少视觉帮助或无视觉帮助下能够迅速、准确地分辨出所需的控制器，在正确了解机器工作状况的基础上对机器做出适当的调整。

首先应使操作者分辨出所需的控制器。在机器拥有多个控制器时，要使操作者迅速准确地分辨出不同的控制器，就要使不同控制器的某些属性具有明显的差别。常被用来区别不同控制器的属性有形状、尺寸、位置和质地等，控制器手柄的不同形状常被用来区别不同的控制器。由于触觉的分辨能力差，不易分辨细微差别，所以形状编码应使不同形状差别明显，各种形状不宜过分复杂。

通过控制器的大小来分辨不同的控制器，也是一种常用的方法。

通过控制器所在的位置分辨不同控制器的方法，是一种非常有效的方法。

根据控制器与显示器位置一致的原则，控制器与相应的显示器应尽量靠近，并将控制器放置在显示器的下方或右方。控制器的运动方向与相对应的显示器指针运动方向的关系应符合人的习惯模式，通常旋钮以顺时针方向调整操作应使仪表向数字增大方向变化。

2.4　反求工程与创新设计

2.4.1　反求工程

1. 反求工程的概念

反求工程（Reverse Engineering）这一术语起源于 20 世纪 60 年代，但对它从工程的广泛性去研究，从反求的科学性进行深化还是从 20 世纪 90 年代初才开始的。反求工程类似于反向推理，属于逆向思维体系。它以社会方法学为指导，以现代设计理论、方法和技术为基础，运用各种专业人员的工程设计经验、知识和创新思维，对已有的产品进行解剖、分析、重构和再创造。在工程设计领域，它具有独特的内涵，可以说它是对设计的设计。

反求工程技术是测量技术、数据处理技术、图形处理技术和加工技术相结合的一门综合性技术。随着计算机技术的飞速发展和上述单元技术的逐渐成熟，反求工程技术近年来在新产品设计开发中越来越多地得到应用。在以实物（样件）作为设计依据参考模型或作为最终验证依据的产品开发过程中，反求工程技术得到了广泛应用。对于汽车、摩托车的外形覆盖件和内装饰件的设计，以及家电产品的外形设计和艺术品复制，反求工程技术的应用更为重要。

反求工程是将数据采集设备获取的实物样件表面或表面及内腔数据，输入专门的数据处理软件或带有数据处理能力的三维 CAD 软件进行处理和三维重构，在计算机上复现实物样件的几何形状，并在此基础上进行原样复制、修改或重设计。该方法主要用于对难以精确表达的曲面形状或未知设计方法的构件形状进行三维重构和再设计。

2. 反求工程的研究内容

反求工程技术的研究对象众多，所包含的内容也比较多，主要分为以下三大类：

① 实物类，主要是指先进产品设备的实物本身。

② 软件类，包括先进产品设备的图样、程序和技术文件等。

③ 影像类，包括先进产品设备的图片、照片或以影像形式出现的资料。

反求工程包含对产品的研究与发展、生产制造、管理和市场组成的完整系统分析和研究。主要包括以下几个方面：

（1）探索原产品设计的指导思想　掌握原产品设计的指导思想是分析、了解整个产品设计的前提。例如微型汽车的消费群体是普通百姓，其设计的指导思想是在满足一般功能的前提下，尽可能降低成本，所以结构上通常是较简单的。

（2）探索原产品原理方案的设计　各种产品都是按照规定的使用要求进行设计的，而满足同样要求的产品，可能有多种不同的形式，所以产品的功能目标是产品设计的核心问题。产品的功能可以概括为能量和物料信号的转换。例如，一般动力机构的功能通常是能量转换，工作机通常是物料转换，仪器仪表通常是信号转换。不同的功能目标，可引出不同的原理方案。探索原产品设计的原理方案，可以了解功能目标的确定原则，这对产品的改进设计有极大帮助。

（3）研究产品的结构设计　产品中零部件的具体结构是实现产品功能目标的保证，与产品的性能、工作能力、经济性、寿命和可靠性有着密切关系。

（4）确定产品的零部件形体尺寸　分解产品实物，由外至内，由部件至零件，通过测绘与计算确定零部件形体尺寸，并用图样及技术文件方式表达出来。它是反求设计中工作量最大的一部分。为了更好地进行形体尺寸的分析与测绘，应总结箱体类、轴类、盘套类、齿轮、弹簧、曲线、曲面及其他特殊形体的测量方法，并合理标注尺寸。

（5）确定产品中零件的精度　确定零件的精度（即公差设计），是反求设计中的难点之一。通过测量，只能得到零件的加工尺寸，而不能获得几何精度的分配。精度是衡量反求对象性能的重要指标，是评价反求设计产品质量的主要技术参数之一。科学合理地进行精度分配，对提高产品的装配精度和力学性能至关重要。

（6）确定产品中零件的材料　通过零件的外观比较、重量测量和力学性能测定，来确定产品中零件的材料。

(7) 分析材料　利用光谱分析和金相分析等试验方法，对材料的物理性能、化学成分和热处理等情况进行全面鉴定。在此基础上，遵循立足国内的方针，考虑资源及成本，选择合理的国产材料，或参照同类产品的材料牌号，选择满足力学性能及化学性能的国内材料替代。

(8) 确定产品的工作性能　针对产品的工作特点和机器的主要性能进行试验测定、反计算和深入分析，了解产品的设计准则和设计规范，并提出改进措施。

(9) 确定产品的造型　对产品的外形构型、色彩设计等进行分析，从美学原则、顾客需求心理和商品价值等角度进行构型设计和色彩设计。

(10) 确定产品的维护与管理　分析产品的维护和管理方式，了解重要零部件及易损零部件，有助于维修及设计的改进和创新。

3. 反求工程的设计程序

反求工程的设计过程，首先是明确设计任务，然后进行反求分析，在此基础上进行反求设计，最后进行施工设计及试验试制。它与一般产品设计的区别，主要是反求分析和反求设计。

(1) 反求分析　它是指对反求对象的功能、原理方案、零部件结构尺寸、材料性能和加工装配工艺等有全面深入的了解，明确其关键功能和关键技术，对设计中的特点和不足之处做出必要的评估。针对反求对象的不同形式——实物、软件或影像，可采用不同的手段和方法。对于实物反求，可利用实测手段获取所需的参数和性能，尤其是掌握各种性能、材料和尺寸的测定及试验方法是非常关键的。对于已有的图样、技术资料文件和产品样本等软件反求，可直接分析、了解有关产品的外形、零部件材料、尺寸参数和结构，但对其工艺、实用性能则必须进行适当的计算和模拟试验。对于已有的照片、图片和影视画面等影像资料反求，需仔细观察、分析和推理，了解其功能原理和结构特点，可用透视法与解析法求出主要尺寸间的相对关系，再用类比法求出几个绝对尺寸，进而推算出其他部分的绝对尺寸；此外，材料的分析必须联系零件的功能和加工工艺，应通过试验试制解决。

(2) 反求设计　它是在反求分析的基础上，进行测绘仿制、变参数设计、适应性设计或开发性设计。

测绘仿制由于没有创新，一般不能称其为设计。但若不将原设计分析透彻，要完全仿制也并非易事。

变参数设计是指在原有产品原理方案及结构方案的基础上，仅改变尺寸和性能参数，以满足不同工作要求的设计。

适应性设计是指在原有产品原理方案的基础上，改变部分参数、结构或零部件，克服原有产品的缺点或适应新使用要求的设计。

开发性设计针对反求对象的功能，提出新的原理方案，完成从方案设计、技术设计到施工设计的全过程。这是比较彻底的创新设计。

4. 反求工程与知识产权

任何一项新技术和新产品都应该受到专利法、知识产权法和商标法等相关法律的保护，这是国际公认的行为规范。只有这样，才能促进市场公平竞争和维护市场正常秩序。反求工程绝不等于偷技术，它是在科技道德和法律的约束下，从学术、工程和技术等方面来促进科技的发展。

最高人民法院2007年1月17日公布的"关于审理不正当竞争民事案件应用法律若干问题的解释"第十二条明确规定：通过自行开发研制或者反向工程等方式获得的商业秘密，不认定为反不正当竞争法第十条第（一）、（二）项规定的侵犯商业秘密行为。也就是说，通过自行研发或反求工程获得商业秘密不属非正当竞争行为。在该条例中，反向工程被定义为"通过技术手段对从公开渠道取得的产品进行拆卸、测绘、分析等而获得该产品的有关技术信息"。为避免该条款被滥用，司法解释同时规定："当事人以不正当手段知悉了他人的商业秘密之后，又以反向工程为由主张获取行为合法的，不予支持。"

应该强调，作为一个国家、民族，为发展科技和振兴经济，不能全靠反求来生存；鼓励独立的创造性永远是主旋律或主题。

2.4.2 实物反求设计

1. 实物反求设计的特点

实物反求设计是以产品实物为依据，对产品的功能原理、设计参数、尺寸、材料、结构、工艺装配和包装使用等进行分析研究，研制开发出与原型产品相同或相似的新产品。这是一个从认识产品到再现产品或创造性开发产品的过程。实物反求设计需要全面分析大量同类产品，以便取长补短，进行综合。在反求过程中，要触类旁通，举一反三，迸发出各种创造性的新设计思想。

根据反求对象的不同，实物反求可分为三种类型：

（1）整机反求 反求对象是整台机器或设备，如一台发动机、一辆汽车、一架飞机、一台机床或成套设备中的某一设备等。

（2）部件反求 反求对象是组成机器的部件。这类部件是由一组协同工作的零件所组成的独立装配组合体，如机床的主轴箱、刀架、发动机的连杆活塞组、机油泵等。反求部件一般是产品中的重点或关键部件，也是各国进行技术控制的部件，如空调中的压缩机，就是产品的关键部件。我国在大量进口压缩机的同时，加紧进行了压缩机的反求设计。

（3）零件反求 反求对象是组成机器的基本制造单元，如发动机中的曲轴、凸轮轴，机床主轴箱中的轴齿轮等零件。反求的零件一般也是产品中的关键零件。

通常，实物反求的对象大多是比较先进的设备与产品，包括国外引进的先进设备与产品、以及国内的先进设备与产品。

相对于其他反求设计法，实物反求设计有以下特点：

1）具有直观、形象的实物，有利于形象思维。

2）可对产品的功能、性能和材料等直接进行试验及分析，以获得详细的设计参数。

3）可对产品的尺寸直接进行测绘，以获得重要的尺寸参数。

4）缩短了设计周期，提高了产品的生产起点与速度。

5）引进的产品就是新产品的检验标准，为新产品开发确定了明确的赶超目标。

实物反求虽然形象和直观，但引进产品时费用较大，因此要充分调研，确保引进项目的先进性与合理性。

2. 实物反求设计的一般过程

图2-7所示为实物反求设计的一般流程。

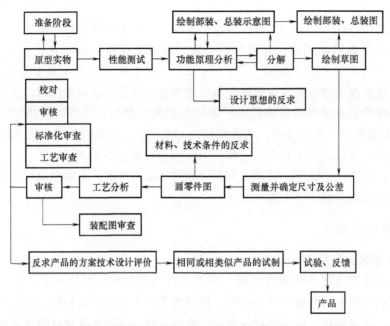

图 2-7　实物反求设计一般流程

3. 实物反求的准备过程

（1）决策准备

1）广泛收集国内外同类产品的设计、使用、试验、研究和生产技术等方面的资料。通过分析比较，了解同类产品及其主要部件的结构、性能参数、技术水平、生产水平和发展趋势。同时还应对国内企业（或本企业）进行调查，了解生产条件、生产设备、技术水平、工艺水平、管理水平及原有产品等方面的情况，以确定是否具备引进及进行反求设计的条件。

2）进行可行性分析研究，写出可行性研究报告。

3）在可行性分析的基础上，进行项目评价工作。其主要内容包括：反求工程设计的项目分析，产品水平，市场预测，技术发展的可能性，经济效益。

（2）思想和组织准备　由于反求工程是复杂、细致、多学科且工作量很大的一项工作，因此需要各方面人才，并且一定要有周密、全面的安排和部署。

（3）技术准备　主要是收集有关反求对象的资料并加以消化，通常有以下两方面的资料：

1）收集反求对象的原始资料，主要包括：产品说明书（使用说明书或构造说明书），维修手册，维护手册，各类产品样本，维修配件目录，产品年鉴，广告，产品性能标签，产品证明书。

对于从国外进口的样机、样件，若能得到维修手册，将给测绘带来很大帮助。

2）收集有关分解、测量、制图等方面的方法、资料和标准，主要包括：机器的分解与装配方法，零部件尺寸及公差的测量方法，制图及校核方法，标准资料，齿轮、花键和弹簧等典型零件的测量方法，外购件、外协件的说明书及有关资料，与样机相近的同类产品有关资料。

其中，标准资料在测绘过程中是一种十分重要的参考资料，通过它可对各国产品的品种、规格、质量和技术水平有较深入的了解。

4. 实物的功能分析和性能分析

（1）实物的功能分析 产品的用途或所具有的特定工作能力称为产品的功能。也可以说功能就是产品所具有的转化能量、物料和信号的特性。实物的功能分析通常是将其总功能分成若干简单的功能元，即将产品所需完成的工艺动作过程进行分解，用若干个执行机构来完成分解所得的执行动作，再进行组合，即可获得产品运动方案的多种解。在实物的功能分析过程中，可明确其各部分的作用和设计原理，对原设计有较深入的理解，为实物反求打好坚实基础。

（2）实物的性能测试 在对样机分解前，需对其进行详细的性能测试。通常包括运转性能、整机性能、寿命和可靠性等的测试，测试项目可视具体情况而定。一般来说，在进行性能测试时，最好把实际测试与理论计算结合起来，即除进行实际测试外，对关键零部件从理论上进行分析计算，为自行设计积累资料。

5. 零件技术条件的反求

零件技术条件的确定，直接影响零件的制造、部件的装配和整机的工作性能。

（1）尺寸公差的确定 在反求设计中，零件的公差是不能测量的，故尺寸公差只能通过反求设计来解决。实测值是知道的，公称尺寸可以计算出来，因此二者的差值是可以求得的，再由二者的差值查阅公差表，并根据公称尺寸选择精度，按二者差值小于或等于所对应公差一半的原则，最后确定出公差的等级和对应的公差值。

（2）几何公差的确定 零件的几何形状及位置精度对机械产品性能有很大的影响，一般零件都要求在零件图上标出几何公差，几何公差的选用和确定可参考国标 GB/T 1184—1996，它规定了标准的公差值和系数，为几何公差值的选用和确定提供了条件。具体选用时应考虑：

1）确定同一要素上的几何公差值时，形状公差值应小于位置公差值。如要求平行的两个表面，其平面度公差值应小于平行度公差值。

2）圆柱类零件的形状公差值（轴线的直线度除外），一般情况下应小于其尺寸公差值。

3）形状公差值与尺寸公差值相适应。

4）形状公差值与表面粗糙度值相适应。

5）选择几何公差时，应对各种加工方法出现的误差范围有一个大概的了解，以便根据零件加工及装夹情况提出不同的几何公差要求。

6）参照验证过的实例，采用与现场生产的同类型产品图样或测绘样图进行对比的方法来选择几何公差。

（3）表面粗糙度值的确定 通常机械零件的表面粗糙度值可用表面粗糙度仪较准确地测量出来，再根据零件的功能、加工方法，参照国家标准，选择出合理的表面粗糙度。

（4）零件材料的确定 零件材料的选择直接影响到零件的强度、刚度、寿命和可靠性等指标。因此，材料的选择是机械创新设计的重要问题。

1）材料的成分分析。材料的成分分析是指确定材料中的化学成分。

2）材料的组织结构分析。材料的组织结构是指材料的宏观组织结构和微观组织结构。进行材料的宏观组织结构分析时，可用放大镜观察材料的晶粒大小、淬硬层分布和缩孔缺陷等。利用显微镜可观察材料的微观组织结构。

3）材料的工艺分析。材料的工艺分析是指材料的成形方法。最常见的工艺有铸造、锻造、挤压、焊接、机加工以及热处理等。

（5）热处理及表面处理的确定 对于零件热处理等技术要求，一般应设法对实物的相关原始技术条件（如硬度等）进行识别测定，在获得实测资料的基础上合理选择。

6. 关键零件的反求设计

实物易于仿造，但其中必有一些关键零件，生产商一般会进行严格控制。这些关键零件是反求的重点，也是难点。在进行实物反求设计时，要找出这些关键零件。不同的机械设备，其关键零件也不同，要根据具体情况确定关键零件。例如发动机中的活塞和凸轮轴、汽车主减速器中的锥齿轮等都是反求设计中的关键零件。对机械中的关键零件的反求成功，技术上就有突破，就会有创新。一般情况下，关键零件的反求都需要较深的专门知识和较高技术。

7. 机构系统的反求设计

机构系统的反求设计通常是根据已有的设备，画出机构系统的运动简图，对其进行运动分析、动力分析及性能分析，再根据分析结果改进机构系统的运动简图。它是反求设计中的重要创新手段。

进行机构系统的反求设计时，要注意产品的设计策略反求。主要包括以下几个方面：

1）功能不变，降低成本。

2）成本不变，增加功能。

3）增加一些成本以换取更多的功能。

4）减少一些功能使成本更多地降低。

5）增加功能，降低成本。

前四种策略应用较普遍，而最后一种策略是最理想的，但困难最大。它必须依赖新技术、新材料和新工艺等方面的突破才能有所作为。例如，大规模集成电路的研制成功，使计算机产品的功能越来越强，但其价格却在下降。

8. 软件反求设计与创新

在技术引进过程中，常把产品实物、成套设备或成套设备生产线等的引进称为硬件引进，而把产品设计、研制、生产及使用有关的技术图样、产品样本、产品标准、产品规范、设计说明书、制造验收技术条件、使用说明书、维修手册等技术文件的引进称为软件引进。硬件引进模式是以应用或扩大生产能力为主要目的，并在此基础上进行仿造、改造或创新设计新产品。软件引进模式则是以增强本国的设计、制造和研制能力为主要目的，它能促进技术进步和生产力发展。软件引进模式比硬件引进模式更经济，但需具备现代化的技术条件且拥有高水平的科技人员。

软件反求设计的工作阶段，一般分为反求产品规划、反求原理方案、反求结构方案、反求产品的施工设计等阶段。软件反求设计主要是根据引进的技术软件，合理地进行逻辑思维，其反求设计的一般过程如下：

1）论证软件反求设计的必要性。对引进的技术软件进行反求设计要花费大量时间、人力、财力和物力。反求设计之前，要充分论证引进对象的技术先进性、可操作性和市场预测等方面的内容，否则会导致经济损失。

2）论证软件反求设计成功的可能性。并非所有的引进技术软件都能反求成功，因此要进行论证，避免走弯路。

3）分析原理方案的可行性和技术条件的合理性。

4）分析零部件设计的正确性和可加工性。

5）分析整机的操作、维修的安全性和便利性。

6）分析整机综合性能的优劣。

第**3**章 工科专业创业就业的特征研究

3.1 工科专业的创业就业特点

3.1.1 工科专业学生的就业特点及影响因素

1. 工科专业学生的就业特点

（1）就业创业依然是主流，但升学意识越来越强　升学与就业，是青少年人生道路上的重要抉择。考虑将来职业发展的需要，部分学生具有越来越强的升学意识。

（2）个人发展成为影响学生就业的首要因素　工科学生越来越注重工作的个人发展，他们希望就业单位能够给自己提供一定的发展空间，同时也希望薪酬高、福利好和环境好。有部分学生依据自己的兴趣选择就业单位；还有部分学生考虑工作是否与自己的专业对口选择就业单位。总的来说，自我价值实现和个人目标追求，主导着毕业生的就业选择行为。

（3）就业的专业对口率偏低　有"专业对口就业是否容易"的调查显示，少数学生认为自己所学的专业容易就业；多数学生认为不容易就业；还有部分学生表示不清楚。这表明学生对所学专业的认可度不高，对专业对口就业缺乏信心。因此，所学专业与就业意向的不一致，将会严重影响学生学习的积极性。

（4）首次就业的薪酬期望值较高　一是学生对就业形势乐观和看好，自己比较自信；二是一些专业的用工需求量较大，工作待遇较高；三是学生缺乏理性分析，对社会的需求及实际情况缺乏了解和调查，有些好高骛远。

（5）就业的区域性强，愿意留在家乡做贡献　有调查分析显示，想留在本地工作的学生超过了一半，他们希望能够为自己的家乡贡献自己的力量。

2. 影响学生就业的主要因素

（1）学生自身原因　部分学生在毕业后参加工作时，只是一味地希望到条件好的企业工作，宁愿待遇低一点也要做白领。由于缺少理性思考与合理的规划，错过很多有发展前景的就业机会。具体表现在以下三个方面：一是盼望就业，但心智尚未成熟，缺乏吃苦耐劳精神。工科院校教师认为现在的学生大多数吃苦精神不够，娇气太重，无法对自己做出正确评价，做事处世急于求成，这在很大程度上影响着学生的就业。二是眼高手低，对待遇期望值过高。部分学生在社会环境的影响下，对金钱的欲望很强，对工资的期望值较高，但他们工作后发现，由于刚出校门时的专业技能有限，缺乏实践经验，很多的工作岗位难以立即胜任，表现为眼高手低。三是缺乏职业生涯规划。大部分学生凭着兴趣填报专业，对专业的具体方向和工作内容并不清楚，导致一些学生上学没多久，就对所学专业产生厌倦情绪，对专业的钻研非常有限。

（2）学校的就业教育与实践活动未能满足学生的就业需求　目前学校安排的就业教育及实践活动，并不能满足学生的就业需求，具体体现在以下三个方面：一是就业知识主要来源于学校教育。学生获取就业和创业知识的渠道主要是学校开设的创新创业课程和社会实践活动，而从媒体和社会宣传方面获取的相关知识相对较少。这与我们认为现在学生的信息来源广泛和受社会影响较大的心理预期存在着巨大反差。二是就业指导课程对一部分学生形同虚设，就业指导课程的教学内容并没有充分引起学生的共鸣。三是学校提供的实习和实训岗位不尽如人意。学生能够进入企业实习，实习效果总体良好。然而，相当部分学生对学校提供的实习环节认可度不高，学生实习和实训的效果与实际的需求还存在一定差距。

3. 工科专业学生存在的就业问题及应对策略

随着我国高校持续大规模扩招，学生数量的剧增直接改变了劳动力市场的供求关系，导致大学生面临的就业形势日益严峻，承受的就业压力越来越大。同时在市场经济条件下，大学生的就业观念逐渐呈现出多元化和复杂化发展趋势，使得就业问题日益严重。工科专业学生就业主要存在以下问题：

（1）准备不足，目标不清　工科专业的课程学习难度较大，内容较多，导致学生在校期间对职业生涯的规划不够充分。因此，学生对于将来的就业很难有清晰的认识和规划，就业选择比较模糊，无法确定自己的职业目标。

（2）动力不足，缺乏创新　部分毕业生对于将来的就业缺乏足够的认识，产生了不愿就业或不想就业的思想。同时，受到当前社会"啃老"等不良风气的影响，部分学生的就业动力不足。另外，工科专业课程的应用性较强，一定程度上缺乏创新的空间。

（3）学习不够，依赖性强　大部分学生在校期间掌握了扎实的专业理论知识，但对于高质量就业所需的语言表达能力、法律知识、礼仪知识和沟通技巧等，普遍学习和关注不够。相当部分学生在选择就业时，对家庭的依赖性较强，不愿自己主动寻找工作。

（4）女生优势不足，缺乏竞争力　对于工科专业学生来说，女生的数量相对较少。女生就业除了存在以上问题外，还因其自身性别、心理压力和参与社会活动的广泛性等原因，就业难度更大，在本行业中缺乏足够的竞争力。

可以从以下几个方面来针对性地解决上述问题：

（1）强化能力，培养自身优秀技能　作为一名工科专业学生，无论是在校期间的培养目标，还是就业以后的工作性质，都应向应用型人才的方向发展，这使得每一位毕业生要想找到自身追求的职业或者薪资待遇，就必须从培养自身就业竞争力做起，强化能力培养，锤炼个人素质。

一方面需要学校积极开展工学结合，加强实践教学环节，加强校外实习基地建设，为毕业生提供更多接触社会和积累工作经验的机会，提高他们的就业竞争力；另一方面，用人单位在招聘大学生时，十分注重考察学生的综合素质，往往优先录用社会活动经验丰富、具有较强实际动手能力、能尽快适应工作的学生。因此，工科毕业生必须加强自身素质的培养和提高自身能力。

（2）柔性牵引，树立正确就业观念　部分学生的心智和心理依然处于不成熟和不稳定阶段，不可避免地会产生就业问题。提前对学生进行就业工作的柔性牵引，能够有效地预防就业问题的产生。首先，要引导学生在择业过程中，客观全面地进行自我评价和定位，帮助他们了解自己的性格、兴趣和特长，制定出符合个人成长与发展的目标；其次，在就业课程中引入心理调节内容，开展就业心理辅导，引导学生依据自身情况，以及现实机遇不断地调整自己的目标，同时让他们清晰地意识到，只有坚实的理论基础与熟练的实践操作能力相结合，自身的理想才有可能实现；最后，加强学生就业观念的改造，开展就业观念、就业心理品质和就业技巧教育，引导学生树立"适合自己的才是最正确"的就业观。为实现理想就业，每个学生都应制订合理的职业规划。在入学时，就要根据专业特点和自身爱好，制订有针对性的指导计划。在校期间，能根据当前的就业形势，适时调整自身努力方向，提升就业竞争力。

（3）需求导向，广泛开拓就业渠道　在工科学生毕业之前，学校必须依据他们的专业特点和求职意向等，有针对性地开展社会实践和心理培训，提高他们对所要从事职业的认识，培养他们的职业兴趣，增强就业抗压和抗挫折能力，提高学生的综合素质和心理应变能力，激发他们的竞争潜力，提高就业的有效性。首先，学校应秉持"就业在学校，就业在院系"的理念，通过自身优势和资源，以学生需求为导向，广泛开展"请进来，走出去"活动，邀请成功企业家来校开展就业指导，为毕业生开展职前心理培训。针对学生就业特点，推荐学生进入大型企业和生源地企业实习，促进学生充分就业。其次，学校应加强"校企合作"。尤其是工科专业学生，更应通过在企业的顶岗实习，提升就业能力。学校与企业的深度合作，一方面可以为毕业生提供更多的实践机会和就业平台，促使他们对行业就业形势有更加清醒的认识，并在此基础上调整自身的努力方向，提升自身的就业竞争意识和能力；另一方面，学校根据企业需求，及时调整专业课程设置、就业指导方案和人才培养方案，提升工科专业的实用性和应用性。

（4）多维关照，增强学生就业信心　为促进学生更为广泛和全面地就业，学校和院系要统筹合作，密切关注部分特殊学生，争取让他们好就业、就好业。主要对以下三类学生的就业情况进行跟踪，在帮助他们就业的同时，注重就业质量和就业稳定性。一是针对工科专业女生就业存在较多困扰的情况，为了更好地实现就业，帮助她们在性格、语言和思维逻辑等方面发挥自身优势，结合自己所学专业和爱好特长等，通过积极参加社会活动、实际操作和社会实践等活动来拓展知识面，加强实践能力，提高社会适应、人际交往和组织管理等方面的能力，找准职业切入点，从而实现自己的职业理想。二是对家庭困难毕业生应从心里调节入手，鼓励他们多参加职前培训，适应职场的工作环境氛围，帮助他们顺利就业。对他们应提倡"先就业再择业"的就业观念，在减轻家庭负担的同时，实现自身职业理想。三是对学业困难学生应以关怀和理解为主，鼓励他们先就业，找到合适工作，再通过自己的努力去弥补在校期间的不足。

随着近年来就业形势的不断严峻，各行业就业压力都在逐渐增大。提升工科专业学生的就业能力，不仅应从提高学生的自身能力做起，更应该在课程设置、就业指导和心理干预等方面着手，帮助学生确立正确的职业规划，树立良好的就业观念，进一步提高综合能力，增强就业竞争力和社会适应能力。

3.1.2　工科专业学生的创业特点及影响因素

1. 工科专业学生的创业特点

（1）创业激情高，想实现自我价值　随着国家对学生创业政策引导，以及学生对创业活动的更多了解，部分学生倾向于毕业后开始创业，有较强的自主创业意愿。因此，对学生开展创业教育，开设相关创业课程，引导其制订创业规划，就显得尤为重要。

（2）知识含量较高　与普通创业者相比，高校毕业生在创业上更趋于知识性，创业层次更高。有调查显示，大学生创业时首选的行业为服务业，而对农业的关注度非常低。一是服务业门槛相对较低，容易进入；二是服务业所含行业种类较多，选择性较强，机会较多；三是服务业对专业技术的要求相对较低，所学专业不受限制；四是对农业领域缺乏必要的了解；五是认为农业市场的购买力达不到理想要求；六是认为服务领域的投资收益率较高等。

毕业后三年左右为创业的高峰期。毕业后的前三年是一个探索与尝试的阶段，在积累了一定的经济能力、社会经验、技术管理和人脉关系后，他们觉得时机成熟了，便开始实现他们的创业梦想。

2. 影响学生创业的主要因素

（1）学生自身原因　一是知识获取途径较为单一。学生获取创业知识途径主要是学校，较为单一。二是缺乏针对性指导。学生在创业过程中虽富有激情，但缺乏个人能力及创业经验，对社会的认知程度和经济现状分析能力严重不足。如果没有针对性的指导，他们会在创业过程中遇到各种难题。例如发现个人能力不能面对创业压力、缺乏对政策常识的储备等。三是缺乏资金流。资金流是企业运作和发展的命脉，如果不能保证企业资金的流动，会对企业造成致命性的伤害。大部分的中小型企业在创业中期，往往因资金不足而止步不前。而学生创业起点低、资金少和社会关系浅，一旦处于资金不足的情况，就很难创业成功。

（2）学校开展就业创业相关的培训讲座或比赛偏少　学生在就业创业时，经验比较缺乏，而学生在校期间，应该有更多的机会参加相关的培训讲座或比赛，以丰富这方面的知识。学生希望学校能够从开设创业教育选修或必修课程、提供创业基金帮助学生创业、举办创业大赛、成立创业指导机构专门进行指导、请创业成功人士或创业领域专家开设讲座等方面获取创业经验。

（3）学生对政府出台的就业创业政策不熟悉　部分学生对政府出台的政策认识度不高，作为个体对政策的理解也明显不够。学生认为政府相关扶持政策对学生创业重要，但对于政府出台的就业创业政策并不熟悉。目前学生对社会了解不够，不懂得对职业的发展具体规划，从业选择往往存在一定的盲目性，需要各方面的引导帮扶。

3. 工科专业创业现状

工科类专业的特点，要求有相应的创业教育工作体系和运行模式。根据一份工科大学生创业现状的调查，可以了解工科大学生创业的现状和问题。调查的对象主要为高职的学生，调查围绕以下几个方面开展：一是大学生对创业的认识和意向；二是大学生对创业教育的认识和看法；三是前期创业准备和创业意向；四是大学生创业存在的问题；五是创业期望、创业打算、以及被调查者个人的基本信息。

（1）对自主创业的认识　调查结果显示，对创业内涵的理性认知程度较高。55%的学生认为只有开办一个企业（公司），或开发一项前沿的科技项目才叫创业；只有2%的大学生对创业的内涵不清楚；而43%的大学生都觉得只要开创一份事业都可以叫创业。

对大学生自主创业普遍表示认同。在被问及"对大学生创业的看法"时，78.6%的大学生对自主创业持肯定态度，认为创业是实现理想和人生价值的一个途径；12.2%的大学生认为应该是一个不错的选择；7.4%的大学生认为创业需要理性对待；而只有1.8%的大学生不赞成在校生创业。

大学生自主创业动机呈现多元化。对"创业最吸引您的原因"调查结果显示，38.4%的学生认为创业能使个人获得不断的成长和发展；26.3%的学生选择最大限度地实现自我价值；17.6%的学生选择提升自己的能力；8.8%的学生为了解决就业问题；而只有3.3%的学生选择了对金钱和自由的渴望；5.6%的受访者选择了其他。由此可见，个人获得成长和发展、自我价值实现、挑战自我、解决就业问题、赚钱是高校毕业生选择自主创业的主要原因，说明大多数学生创业并不是因为就业压力或就业竞争激烈而选择被迫创业，而是大学生自我价值在创业中的体现。

大学生自主创业意愿强烈。在被问及"对创业是否感兴趣"时，68.7%的学生表示很感兴趣；21.4%的学生表示比较感兴趣；7.2%的学生选择一般；而只有2.7%的学生选择了不感兴趣。在被问及"是否有创业的打算"时，将近82%的学生表示考虑过，而选择正在创业或已经创业的学生有将近2%的比例。可见，当前大学生自主创业意愿强烈，便于充分调动他们的积极性和主动性，但更多的学生仅仅停留在表面的感性认知，而没有具体参与到创业学习和实践中去。

（2）对创业准备和创业选择的认识　大学生创业准备不足。在被问及"您是否有过除家教以外的兼职经历"时，只有22.8%的学生选择了"是"，而77.2%的学生没有除家教以外的兼职经历。受访者在被问及"您参加过哪些创业准备活动"时，10.4%的学生选择创业计划大赛；65.3%的学生选择看过创业书籍；选择到企业实习的为56.9%；而求教创业型企业家的比例则仅为14.4%。可见，大学生创业知识、政策把握和经验储备不足，创业实践动手技能缺乏，需要夯实创业前期的基础。

大学生创业领域选择多样。在被问及"您会选择什么领域或行业创业"时，36.5%的学生选择与自身专业相结合的领域或行业，可以缩短创业准备期；由于资金有限，28.4%的学生选择了启动资金少、风险较低的领域或行业；而作为身处科技发展前沿的大学生，13.8%的人选择当今热门的高科技行业或领域；同时还有21.3%的学生选择自己感兴趣的行业或领域。可见，专业、资金和兴趣是影响大学生选择自主创业行业或领域的主要因素。

大学生自主创业时机选择理性。如上所述，将近87%的受访者有创业的意愿，在被问及"您会选择什么时间开始创业"时，6.3%的学生选择在校期间创业；4.5%的学生选择毕业当年；3.7%的没有打算；其余85.5%的学生认为应当毕业后到社会锻炼一段时间，积累足够的资金和创业经验能力以后再进行创业。可见大学生创业意愿虽然强烈，但不盲目，创业时机的选择比较理性，可以避免首次创业的失败。

4. 工科专业大学生自主创业存在的障碍和问题

（1）影响大学生成功创业的主客观因素较多　在被问及"您认为影响大学生创业成功与否的比较重要的因素有哪些"时，76.4%的受访者认为个人的创业知识、创业经验、创业能力和创业素质是影响大学生成功创业的主要因素，这个因素是创业者个人的主观因素，也是大学生的自身特质。成功创业也不能忽视客观因素的制约，88.6%的学生认为创业资金缺乏是阻碍大学生创业的主要因素；39.7%的学生认为社会关系网薄弱是影响的重要因素；52.4%的学生认为良好的政府创业政策支持，是大学生成功创业的保障。可见，大学生成功创业是主客观因素综合影响的结果，影响因素较多，创业资金成为首要阻碍因素。同时，大学生也希望学校和政府能够为大学生创业提供一个良好的创业环境。

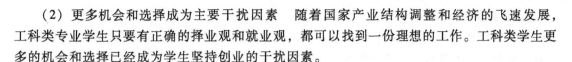

（2）更多机会和选择成为主要干扰因素　　随着国家产业结构调整和经济的飞速发展，工科类专业学生只要有正确的择业观和就业观，都可以找到一份理想的工作。工科类学生更多的机会和选择已经成为学生坚持创业的干扰因素。

3.2　工科专业的创业重点和难点——创新

3.2.1　创业的创新精神

创业是在创新和创造的基础上开创新的事业。如果没有创新，只是跟在他人的后面亦步亦趋，就没有创新实践以及真正意义上的创业。创新精神是创业者的灵魂，是创业者必须具备的基本条件。

创新精神是创业者从事创业创新活动精神素质的总称，是创业者创新本质的精神表现。创新精神体现在创业者不甘守旧与重复，不怕风险与失败，不尚空谈与陈规；创新精神也反映了创业者勇于开拓、善于创造、勤于实践、想人之未想和做人之未做的精神气质。具体来说，创新精神的内涵主要包括以下几点：

1. 主体精神

创新精神是一种主体精神。创业者是自主的，不受任何先知先觉、绝对权威和清规戒律的限制和约束。无论在理论意义上，还是在实践意义上，创业者都能自主地运用自身的主体力量，把握和改造外在世界，形成了对客体和对象的主体势能。在创业过程中，创业者自己决定自己的创业目标、方向和道路；自主选择，独立地处理创业过程中遇到的各种问题；敢于承担自己创业活动成功或失败的一切责任和后果。

2. 开拓精神

创新精神是一种开拓精神。创业者勇于挑战新的任务、新的事物和新的世界，想别人没有想过的问题，做别人没有做过的事，走别人没有走过的路。具有开拓精神的创业者，并不企图寻求现成的答案或标准模式，不受传统和经验的束缚，不安于现状，不怕困难，勤于探索，以积极、开放和向上的态度看待一切。具有开拓精神的创业者挑战风险，勇于冒险，不循规蹈矩，抱残守缺，不囿于既得利益，不怕失败。创业者不患得患失，左顾右盼，瞻前顾后，畏缩不前。为了求得创业成功，他们愿意付出必要的代价。邓小平同志曾经说过，没有一点"闯"的精神，没有一点"冒"的精神，没有这样一种"气"和"劲"，就走不出一条好路，走不出一条新路，就干不出一番新事业。不可能做什么事都万无一失，都有百分之百的把握，都不冒一点风险。

3. 科学精神

创新精神是一种科学精神。创业创新以科学规律为基础，以事实为依据，以实践为准绳。具有科学精神的创业者，他们并不盲目夸大自己的主观能动性，不抱没有科学依据的幻想，不违背客观规律而为所欲为，不以主观想象、偏好和愿望来代替现实可能，冒险而不失理性。他们尊重客观纪律，坚持实践是检验真理的唯一标准，一切从实际出发，解放思想，实事求是。因此，具有科学精神的创业者具有内在的怀疑和批判精神。创新起源于问题，问题大多产生于对现存事物与秩序、传统思想与观念的怀疑和批判，不唯上，不唯书，只唯实。

4. 务实精神

创新精神是一种务实精神。创新是"实践的事情",思想的创新最终也要转化为实践的创新,创新本身不是目的。创业者创新活动的价值取向是求实和务实,讲求实效。创新不是简单地标新立异或对时尚的刻意附和,它有明确的价值目标和功利追求,要满足经济和社会的某种需要。同时,创业创新也不是空中楼阁,它需要进行经济核算,需要权衡资源的投入、重组和消耗,需要对成本与收益进行分析。因此,具有务实精神的创业者,一定具有时代精神,能及时准确地把握时代的脉搏,反映当代社会发展的内在需求,并以自己的创业创新活动来满足这种需求,同时还以自己的创新精神创造新的社会需求。

《辞海》把"创造"或"创新"解释为"首创前所未有的事物"。在西方,亚里士多德关于创造就是"产生前所未有的事物"的定义已经成为经典。后来对创造的定义都源于此,并且必然包含此意。随着人们对创造活动的关注和研究的深入,对创造的定义越来越从创新的结果,转向创造活动过程的关键环节。例如创造是重新组合感觉,发现事物间的新联系,产生新的关系,从事和承认革新的能力,以及产生新见识的思维活动等。还有人从创新结果的新颖性及其价值方面对创造进行定义。

创新就是创造,就是创造性地提出问题和创造性地解决问题。创新能力就是创造力,就是创新者根据一定的目的和任务,在生产经营和科学研究等活动中,敏锐地察觉旧事物的缺陷,准确地把握新事物的萌芽,大胆地提出新颖的推测和设想,运用一切知识和现有的条件,进行周密地论证,拿出可行的解决方案,产生新颖和有价值的成果。

创新活动的核心是创造性思维。创造素质是以创造性思维为核心的智能综合系统,包括中枢环节的创造性思维、智力(思维能力、观察力、记忆力、注意力和想象力)、知识(经验、体验和知识结构)、个性品质(包括动机、气质、意志、个性特征、进取精神等)、环境等因素。

创造性思维一般分为四个阶段:一是准备阶段,包括积累知识、调查研究、发现和提出问题、收集整理资料、分析前人的经验等;二是酝酿阶段,又称潜伏阶段,经过长期的准备工作后,对发现或提出的创造性问题或困难进行反复思索、刻苦钻研,其最大的特点是潜意识参与起作用;三是顿悟阶段(或称开朗阶段),由于大脑的潜意识未因日常活动而中断,经过长时间酝酿,新观念、新构思在潜意识中逐步形成,一旦遇上某种契机,新观念或构思就会脱颖而出,问题的解决突然一下子变得豁然开朗,富有戏剧性;四是验证阶段,反思和检验新事物或新方法是否成立,对其创新程度和价值大小做出评判。

3.2.2 创业的创新方法

从一般意义上讲,创业、创新和创造没有固定的方法。因为方法一旦固定,就容易产生僵化,这恰恰是违背创新精神的,创新就是要超越既存的僵化东西。不过,创新也并不是无章可循的,许多科学家特别是一些创造学家和成功学家,摸索和总结出了许多行之有效,且具有不同特性的科学方法。

创新方法是指创新活动中带有普遍规律性的方法和技巧。它是通过研究一个个具体的创新过程,如创新的题目是怎样确定的、创新的设想是怎样提出的、设想又如何变成现实等,从而揭示创新的一般规律和方法。

1. 模仿创新法

模仿创新法就是一种人们通过模仿旧事物而创造出与其相类似事物的创造方法。

从模仿的创造性程度而言，可分为机械式模仿、启发式模仿和突破式模仿三种，如图 3-1 所示。

2. 创意列举法

创意列举法主要分为属性列举法、希望点列举法、优点列举法和缺点列举法四种类型，见表 3-1。

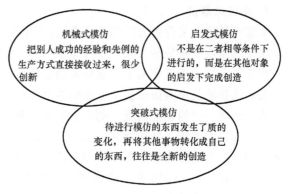

图 3-1 模仿创新法

表 3-1 创意列举法

类型	具体解释	说明
属性列举法	先观察和分析属性特征，再针对每项特征提出创新构想	这种方法是一种创意思维策略。强调人们在创造的过程中，先观察和分析事物或问题的属性特征，然后再针对每项特性提出相应的改良或改变的构想
希望点列举法	不断提出理想和愿望，针对希望和理想进行创新	这种方法是指人们不断地提出问题和愿望，针对这些希望和理想，寻找解决问题的对策、实现这些理论和愿望的方法
优点列举法	逐一列出事物优点，进而探求解决问题的方法和改善的对策	这种方法指的是人们通过逐一列出事物的优点，从而寻求解决问题或改善现状的方法
缺点列举法	列举和检讨缺点和不足之处，找出解决问题的方法和改善的对策	与优点列举法相对应，这种方法是人们针对一项事物，不断地列举其缺点和不足之处，然后分析这些缺点，从而找出解决问题和改善现状的方法

3. 类比创新法

类比创新法是根据两个或两类对象之间在某些方面的相同或相似，而推出它们在其他方面也可能相同的一种思维形式和逻辑方法。

根据类比的对象和方式等的不同，类比创新法大致可以分为直接类比法、拟人类比法、幻想类比法、因果类比法、对称类比法、仿生类比法和综合类比法等几种类型，见表 3-2。

表 3-2 类比创新法

类型	内涵解释
直接类比法	从自然界或者人为成果中直接寻找出与创意对象相类似的东西或事物，进行类比创意
拟人类比法	使创意对象"拟人化"，也称亲身类比、自身类比或人格类比。这种类比就是创意者使自己与创意对象的某种要素认同、一致，自我进入"角色"，体现问题，产生共鸣，以获得创意
因果类比法	两个事物之间可能存在着同一种因果关系。因此，可根据一个事物的因果关系，推测出另一事物的因果关系
对称类比法	自然界和人造物中有许多事物或东西都有对称的特点，可以通过对称类比的关系进行创意，获得人工造物
仿生类比法	就是人在创意、创造活动中，常将生物的某些特性运用到创意、创造上
综合类比法	事物属性之间的关系虽然很复杂，但可以综合它们相似的特征进行类比

4. 头脑风暴法

头脑风暴法，又称智力激励法和 BS 法。它是一种通过小型会议的组织形式，让所有参加者在自由愉快和畅所欲言的气氛中，自由交换想法或点子，并以此激发与会者创意及灵感，使各种设想在相互碰撞中激起脑海的创造性"风暴"。

头脑风暴法是由美国创造学家奥斯本最先提出的一种培养创造性思维、激发人们创造力的方法。针对一定的创业问题，创业决策者召集有关人员参加小型会议，在融洽轻松的气氛中，与会者自由联想，畅所欲言，引起思维共振，使创造性设想发生连锁反应，从而获得众多解决创业问题的思路和方案。参加会议的人数不能太多，以 5~12 人为宜。另外，还要有一名主持人和 5~6 个记录员。会议时间一般不超过 1 个小时，否则容易疲劳。应事先将议题通知与会者，使其有所准备。

头脑风暴法有两个必须遵循的基本原则：一是推迟判断原则。不要过早地下结论，避免束缚与会者的想象力，窒息创造性思想的火花。二是数量提供质量原则。提出的设想数量越多，好的设想也越多。奥斯本调查发现，在同一时间内，思考出两倍以上设想的人，可以产生两倍以上的好设想。在同一会议的后半期，也可以产生多达 78% 的好设想。

会议结束后，将提出的设想分析整理，分别进行严格的审查和评价，从中筛选出有价值的设想。

有时还可以采用"质疑头脑风暴法"，对上述已经系统化的设想进行质疑，这是对设想的现实可行性进行评估的一个专门程序，一般分为三个阶段：

在第一阶段，要求与会者对所提出的每一个设想进行质疑和全面评价。重点放在分析研究阻碍设想实现这一方面。在这一过程中，可能产生一些可行的新设想，包括对已提出的设想无法实现的论证、存在的限制因素，以及排除限制因素的建议。

在第二阶段，对每组或每个设想编制评论意见一览表和可行设想一览表。质疑过程一直进行到没有问题可以质疑为止，质疑中提出的所有评论意见和可行设想也应记录在案。

在第三阶段，对质疑过程中提出的评论意见进行评价，形成一个实际可行设想或方案一览表，以此作为创业决策的基础。

5. 六顶思考帽法

六顶思考帽是英国学者爱德华博士开发的一种思维训练模式，或者说是一个全面思考问题的模型。它提供了"平行思维"的工具，避免将时间浪费在互相争执上。它强调的是"能够成为什么"，而非"本身是什么"，是寻求一条向前发展的路，而不是争论谁对谁错。运用六顶思考帽法，将会使混乱的思考变得更清晰，使团体中无意义的争论变成集思广益的创造，使每个人变得富有创造性。六顶思考帽法见表 3-3。

表 3-3　六顶思考帽法

帽子	含义、功能、特点	承担创新工作任务
白色思考帽	白色代表中立与客观。戴上白色思考帽，人们只是关注事实和数据	陈述问题事实
红色思考帽	红色代表感性和直觉，使用时不需要给出证明和依据。戴上红色思考帽，人们可以表现自己的情绪，还可以表达直觉、感受和预感等方面的特点	对方案进行直觉判断
黄色思考帽	黄色代表价值与肯定。戴上黄色思考帽，人们从正面考虑问题，表达乐观的、满怀希望的和建设性的观点	评估该方案的优点

（续）

帽子	含义、功能、特点	承担创新工作任务
黑色思考帽	黑色代表谨慎消极。戴上黑色思考帽，人们可以运用否定、怀疑、谨慎和质疑的看法，合乎逻辑地进行批判，尽情发表负面的意见，找出逻辑上的错误，进行逻辑判断和评估	列举该方案的缺点
绿色思考帽	绿色代表跳跃和创造，寓意创造力和想象力，具有创造性思考、头脑风暴和求异思维等功能。戴上绿色思考帽，人们不需要以逻辑性为基础，可以帮助人们寻求新方案和备选方案，做出多种假设，并为创造力的尝试提供时间和空间	提出如何解决问题的建议
蓝色思考帽	蓝色代表冷静逻辑，负责控制各种思考帽的使用顺序，规划和管理整个思考过程，并负责做出结论。戴上蓝色思考帽，人们可以集中思考和再次集中思考，指出不合格的意见等	总结陈述，做出决策

6. 检核表法

检核表法就是采用一张一览表，对需要解决的问题逐条地进行核计，进而从各个角度诱导出多种创意设想的方法。人们创造出了多种检核表，其中最常用的就是奥斯本检核表。

奥斯本检核表法就是以提问的方式，根据创造或解决问题的需要，列出一系列提纲式的提问，形成检核表，然后对问题进行讨论，最终确定最优方案的方法。

奥斯本检核表法九大问题见表3-4。

表3-4　奥斯本检核表法九大问题

序号	检核项目	说明
1	能否他用	能否还有其他的用途？保持不变，能否扩大用途？稍加改变，有无其他用途
2	能否借用	能否从别处得到启发？能否借用别处的经验和发明？过去有无类似的东西，可供模仿？谁的东西可模仿？现有的发明，能否引入到其他的创造设想之中
3	能否改变	能否可以做其他改变？改变一下会怎样？可改变一下形状、颜色、音响和味道吗？是否可能改变一下型号或运动形式？改变之后，效果如何
4	能否扩大	能否扩大适用范围？能否增加使用功能？能否增加零件和延长它的使用寿命，增加长度、厚度、强度、速度、数量和价值
5	能否缩小	能否体积变小、长度变短、重量变轻、厚度变薄以及拆分或者省略某些部分（简单化）？能否浓缩化、省力化和方便化
6	能否替代	能否用其他材料、原件、方法、工艺和功能等替代
7	能否调整	能够变换排列顺序、位置、时间、速度、计划和型号？内部元件可否交换
8	能否颠倒	能否正反颠倒、里外颠倒和目标手段颠倒
9	能否组合	能否进行原理组合、材料组合、部件组合、形状组合、功能组合和目的组合

奥斯本检核表法的"三步走"实施步骤如下：

1）第一步：根据创新对象明确需要解决的问题。

2）第二步：参照表中列出的问题，运用丰富想象力，强制性地逐个核对讨论，写出新设想。

3）第三步：对新设想进行筛选，将最有价值和创新性的设想筛选出来。

奥斯本检核表法的注意事项如下：

1）对所列举的事项逐条核检，确保不遗漏。

2）尽量多核检几遍，以确保较为准确地选择出所需创新、发明的方面。

3）进行检索时，可将每一大类问题作为一种单独的创新方法来运用。

4）检核方式可根据需要进行多种变化。

7. 十二口诀法

十二口诀法见表3-5。

表 3-5　十二口诀法

口诀	含义
加-加	加高、加厚、加多、组合等
减-减	减轻、减少、省略等
扩-扩	放大、扩大、提高功效等
变-变	改变其形状、颜色、气味、音响、次序等
改-改	改缺点、改不便、改不足之处等
缩-缩	压缩、缩小、微型化
联-联	原因和结果有何联系，把某些东西联系起来
学-学	模仿形状、结构、方法，学习先进
代-代	用其他材料代替，用其他方法代替
搬-搬	移作他用
反-反	能否颠倒一下
定-定	定个界限、标准，能提高工作效率

8. 组合创新法

人类的许多创造成果来源于组合。正如一位哲学家所说："组织得好的石头能成为建筑，组织得好的词汇能成为漂亮文章，组织得好的想象和激情能成为优美的诗篇。"同样，发明创造也离不开现有技术和材料的组合。

组合型创新法是指利用创新思维，将已知的若干事物合并成一个新的事物，使其在性能和服务功能等方面发生变化，以产生出新的价值。以产品创新为例，可根据市场需求分析比较，得到有创新性的新技术产物，包括功能组合、材料组合和原理组合等。

组合创新法具有以下特点：

① 将多个特征组合在一起。

② 组合在一起的特征相互支持和补充。

③ 组合后要产生新方法或达到新效果，有一定的飞跃。

④ 利用现成的技术成果，不需要建立高深的理论基础和开发专门的高级技术。

组合创新法几乎覆盖了我们日常生活的各个领域，具体有以下几种实现方式：

（1）主体附加法　以某事物为主体，再添加另一附属事物，以实现组合创新的方法称为主体附加法。在琳琅满目的市场上，我们可以发现大量的商品是采用这一方法创造的。例如在圆珠笔上安橡皮头，在电风扇中添加香水盒，在摩托车后面的储物箱上装电子闪烁装置，都具有美观、方便又实用的特点。

主体附加法是一种创造性较弱的组合创新法，人们只要稍加动脑和动手就能实现，但只要附加物选择得当，同样可以产生巨大的效益。

（2）异类组合法　将两种或两种以上不同种类的事物组合，产生新事物的方法称为异类组合法。

（3）同物自组法　同物自组法就是将若干相同的事物进行组合，以图创新的一种创新方法。例如，在两支钢笔的笔杆上分别雕龙刻凤后，一起装入一精制考究的笔盒里，称为"情侣笔"，作为馈赠新婚朋友的好礼物；把三支风格相同、颜色不同的牙刷包装在一起销售，称为"全家乐"牙刷。

同物自组法的创造目的，是在保持事物原有功能和意义的前提下，通过数量的增加来弥补不足或产生新的意义和需求，从而产生新的价值。

（4）重组组合法　任何事物都可以看作是由若干要素构成的整体。各组成要素之间的有序结合，是确保事物整体功能和性能实现的必要条件。有目的地改变事物内部结构要素的次序，并按照新的方式进行重新组合，以促使事物的性能发生变化，这就是重组组合。

在进行重组组合时，首先要分析研究对象的现有结构特点；其次，要列举现有结构的缺点，考虑能否通过重组克服这些缺点；最后，确定选择什么样的重组方式。

9. 逆向转换法

逆向转换法主要以逆向思维的方式进行创新，在经济管理中常用的是缺点逆用法，即利用事物的缺点，化弊为利进行创新的方法。人们在日常工作和生活中也常常会用到逆向转换这一思考方法。常用的包括：

（1）原理逆向　从事物原理的相反方向进行的思考。

（2）功能逆向　按事物或产品现有的功能进行相反的思考。

（3）过程逆向　事物进行过程逆向思考。

（4）因果逆向　原因结果互相反转即由果到因。

（5）结构或位置逆向　从已有事物的结构和位置出发所进行的反向思考。

（6）观念逆向　一般情况下，观念不同，行为不同，收获就可能不同。

10. 移植创新法

对原有产品进行改造使之适用其他用途，将一个领域中的原理、方法、结构、材料和用途等移植到另一个领域中去，从而产生新事物的方法，称为移植创新法。主要有原理移植、方法移植、功能移植和结构移植等类型。

移植创新法应用的必要条件如下：

1）用常规方法难以找到理想的设计方案或解题设想，或者利用本专业领域的技术知识根本就无法找到出路。

2）其他领域存在解决相似或相近问题的方式方法。

3）对移植结果能否保证系统整体的新颖性、先进性和实用性有一个估计或肯定性判断。

11. TRIZ 理论法

创新从最通俗的意义上讲，就是创造性地发现问题和创造性地解决问题的过程。TRIZ理论的强大作用，正在于它为人们创造性地发现问题和解决问题提供了系统的理论和方法工具。

现代 TRIZ 理论体系主要包括以下几个方面的内容：

（1）创新思维方法与问题分析方法　TRIZ 理论中提供了如何系统分析问题的科学方法，如多屏幕法等；而对于复杂问题的分析，则包含了科学的问题分析建模方法——物-场分析法，它可以帮助快速确认核心问题，发现根本矛盾所在。

（2）技术系统进化法则　针对技术系统进化演变规律，在大量专利分析的基础上，TRIZ 理论总结提炼出八个基本进化法则。利用这些进化法则，可以分析确认当前产品的技术状态，并预测未来发展趋势，开发富有竞争力的新产品。

（3）技术矛盾解决原理　不同的发明创造往往遵循共同的规律。TRIZ 理论将这些共同的规律归纳成 40 条发明原理，针对具体的技术矛盾，可以基于这些发明原理、结合工程实际寻求具体的解决方案。

（4）创新问题标准解法　针对具体问题的物-场模型的不同特征，分别对应有标准的模型处理方法，包括模型的修整、转换、物质与场的添加等。

（5）发明问题解决算法 ARIZ　主要针对问题情境复杂、矛盾及其相关部件不明确的技术系统。它是一个对初始问题进行一系列变形及再定义等非计算性的逻辑过程，实现对问题的逐步深入分析，问题转化，直至问题的解决。

（6）基于物理、化学和几何学等工程学原理而构建的知识库　基于物理、化学和几何学等领域的数百万项发明专利的分析结果而构建的知识库可以为技术创新提供丰富的方案来源。该方法的详细介绍见第 1 章。

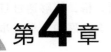

第4章
工科专业学生创新能力的培养

4.1 工科专业创新人才培养现状分析

什么是创新人才?

自 20 世纪 50 年代吉尔福特在美国心理学协会上做了题为"心理学和教育领域的创新"的演讲后,"创造性"一词就成为研究热点,一直备受关注。我国从 20 世纪 80 年代中期开始倡导培养创新型人才或创造型人才以来,有关创新型人才培养的学术论文不胜枚举。目前,国内学者通常将外文文献中 creative、creativity、innovation 和 innovative 等词汇与中文中的"创新"相对应。但对于什么是创新(创造)型人才,大家的观点并不一致。具有代表性的观点有如下几种:

所谓创造型人才,是指富于独创性、具有创造能力、能够提出和解决问题、开创事业新局面、对社会物质文明和精神文明建设做出创造性贡献的人。这种人才一般是基础理论坚实、科学知识丰富和治学方法严谨,勇于探索未知领域;同时,具有为真理献身的精神和良好的科学道德。他们是人类优秀文化遗产的继承者,是最新科学成果的创造者和传播者,是未来科学家的培育者。

创造型人才的主要素质是:有大无畏的进取精神和开拓精神;有较强的、永不满足的求知欲和永无止境的创造欲望;有强烈的竞争意识和较强的创造才能;同时还应具备独立完整的个性品质和高尚情感等。

创新型人才是指具有创造精神和创造能力的人,这是相对于不思创造、缺乏创造能力的比较保守的人而言的,这个概念与理论型、应用型和技艺型等人才类型的划分不是并列的。实际上,不论是哪种类型的人才,皆须具有创造性。

由此看出,我国教育界主要是从创造性、创新意识、创新精神和创新能力等角度阐释创新人才或创造型人才的。仅有创新意识和创新能力还不能算是创新人才,创新人才首先是全面发展的人才。

鲁班 春秋时期鲁国
(公元前 507 年—
公元前 444 年)

> **鲁班造锯**:相传有一次鲁班进深山砍树木时,不小心脚下一滑,手被一种野草的叶子划破了,渗出血来。他摘下叶片轻轻一摸,原来叶子两边长着锋利的齿,他用这些密密的小齿在手背上轻轻一划,居然割开了一道口子。他的手就是被这些小齿划破的,鲁班就从这件事上得到了启发。他想,要是这样齿状的工具,不是也能很快地锯断树木了吗!于是,经过多次试验,他终于发明了锋利的锯子,大大提高了工效。据传,鲁班还发明了曲尺、墨斗、云梯、石磨等。

通过综合以上观念，这里将创新人才的概念归纳为：所谓创新人才，就是具有创新意识、创新精神、创新思维、创新知识和创新能力，并具有良好的创新人格，能够通过自己的创造性劳动取得创新成果，在某一领域、某一行业或某一工作上为社会发展和人类进步做出了创新贡献的人。

4.1.1　工科专业学生创新能力的现状

社会经济的发展需要大批具有创新素质的人才，全面推进素质教育，培养具有创新意识、创新精神和创新能力的高素质人才是 21 世纪教育的最显著特征。我国传统的高等工科教育十分注重知识技能的传授和具体专业实践能力的培养与训练，而对创新知识的传授与创新能力培养的重视程度不足。作为我国经济和科技发展的重要力量，工科院校如何发挥自身优势，按照知识技能、实践能力和创新能力三者协调发展的人才培养模式，加强对大学生传授创新知识与培养创新能力，是一项重要课题。

目前，我国高等工科院校的人才培养过程仍然把知识和技能的传授作为首要任务，工科院校大学生在创新能力方面存在以下问题。

1. 缺少创新意识

早期的中国大学教育沿用了苏联的办学模式，细致地划分了专业和领域。经过近半个世纪的摸索、验证和改进，中国自己的大学教育机制和大学教育体系日渐健全，这种机制的运行现状为：我国现行的大学教育体系在为国家经济建设培养人才方面发挥了重要作用，但与国外相比还存在一些突出问题。国内一些企业家和国外专家都普遍认为，中国的学生基本功比较扎实，但是动手能力不强，创新意识更是薄弱。

> **有这样一个故事：** 在一个动物园里，一群大象刚一出生就被锁住脚，久而久之，它们就习惯了被锁住，并没有挣脱的想法。有一次，动物园着火了，这些大象的脚都被锁着，由于已经习惯，它们并没有挣脱，而一只小象试图挣脱，没费多大劲，就把锁链挣脱并逃出了火灾，而其他大象就这样被烧死了。这个故事启示我们要敢于尝试，勇于创新。

2. 缺乏创新的兴趣

兴趣是人对事物带有积极情绪色彩的认知活动倾向。兴趣是个体行动的巨大动力。大学生从应试教育一路走来，从小学、初中和高中一直都是被动地学习，被灌输前人的知识成果，很少能发表自己的见解，甚至多数人都有过发表自己的意见后被批评和斥责的经历，这大大削弱了学生创新的热情，使学生缺乏足够的创新意识，久而久之学生便失去了创新的兴趣。有调查显示，在兴趣的广度方面，认为自己"兴趣广泛"的学生只有 19%；在兴趣的深度方面，68% 的学生认为自己"兴趣的深度程度不够"；在兴趣的稳定性上，45.8% 的学生回答"自己的兴趣是随着时间、环境和心情经常变化的"；在兴趣的效能上，39% 的学生"只是口头讲讲，很少采取具体行动"。有句话说得好，"兴趣是最好的老师"，只有有了兴趣学生才会积极主动地去创新。

3. 缺乏创新性思维能力

传统的应试教育环境限制了学生的独立思考空间，束缚了学生发散思维的能力。大学之前的学习就是为了考试。学生和老师都把精力投入到题海当中去，一遍遍地做题和练习，解题模式化，导致学生的悟性和灵感在经过"千锤百炼"之后基本上被埋没了，思维也被严重地束缚，因此学生的创新能力不强。工科专业学生创新思维能力总体评价为"较差",表现在缺乏深层次思考、另辟蹊径的自我总结和学习能力,考虑问题和处理问题的方法常常千篇一律,没有新意和突破,最明显的表现为缺乏新意的发言、作业和论文比比皆是。

> **旱冰鞋的产生**:英国有个叫吉姆的小职员,成天坐在办公室里抄写东西,常常累得腰酸背痛。他消除疲劳的最好办法,就是在工作之余去滑冰。冬季很容易就能在室外找个滑冰的地方,而在其他季节,吉姆就没有机会滑冰了。怎样才能在其他季节也能像冬季那样滑冰呢?对滑冰情有独钟的吉姆一直在思考这个问题。想来想去,他想到了脚上穿的鞋和能滑行的轮子。吉姆在脑海里把这两样东西的形象组合在一起,想象出了一种"能滑行的鞋"。经过反复设计和试验,他终于制成了四季都能用的"旱冰鞋"。

4. 缺少创新的毅力

毅力是人类自觉确定目标,并根据目标来支配和调节自己的行动,克服各种困难,坚持实现自己目标的心理过程,是一种能动性和个体积极性的集中体现。创新,不只是说说而已,是需要动手实践,多次反复地实验,在无数次的实验中得出结果。这需要直面失败的勇气、百折不挠的精神和永不放弃的恒心与毅力。虽然大学生都能意识到毅力在创新活动中的重要性,但在实际工作中由于缺乏对现实的正确预估,往往有许多人见异思迁,虎头蛇尾,半途而废。意志不坚定,缺乏足够的毅力,不能吃苦成为阻碍工科专业学生创新的一个拦路虎。

> 爱迪生发明灯泡的时候,失败了8000多次。曾有人讥讽他说:"你失败了8000多次,真了不起!"爱迪生却坦然地说:"先生,你错了,我只不过是证明了7600多种材料不适合做灯丝而已。"经过多次失败后,爱迪生终于取得了成功。

另外,工科专业学生们对自己的创新能力评价也不高。有人对福州某高校机械工程类本科生进行了一次问卷调查,调查报告显示:认为自己创新能力很强的仅有2.9%,认为自己创新能力较强的不到1/5,认为自己创新能力较一般的学生不到1/2,而认为自己创新能力较弱的高达1/4。统计结果反映出大学生对自己的创新能力评价不高,信心不足。这只是其中一个例子,很多学校也进行过同类型的问卷调查,结果都不是十分令人满意。可以看出,工科专业大学生创新能力不足已经成为一个很明显的教育问题。

4.1.2 造成工科专业大学生创新能力缺乏的原因分析

创新能力并非与生俱来,后天的培养也不在一朝一夕。它的先决条件是创造者拥有能够综合运用已有知识、信息、技能和方法提出新问题和新观点的思维能力。以下将从三个方面探讨工科专业学生创新能力不强的原因。

1. 传统教育的不足导致学生的创新积极性不高

传统的教育方式注重知识灌输,以考试为手段,以高分为目标,自觉或不自觉地制造同一种思维模式下的思维统一,习惯于让学生去寻求"唯一正确"的答案,而不是让学生探索存在多种答案的可能性。在这种固定的思维模式下,学生们不再寻求不同,创新只能是空谈。

(1)专业设置陈旧 目前工科院校课程体系相对落后,专业划分过细使得大学生的知识面狭窄,不能开阔视野。各种知识是相互独立和联系的,一味地强调专业知识的精神而忽视综合知识的获取，造成学生创新能力的缺失。随着科学技术的不断发展，知识的更新速度越来越快，在课程设置上也应该不断改进，加大容量，并紧跟学科前沿知识，重视人文教育。

（2）教学与实践脱节　工科院校的实践是大学期间学生必经的理论联系实际过程。它主要包括校内实习、实验环节，专业课程设计和毕业设计等。在实习过程中，学生的主要任务是参观，基本上没有实际动手的机会，难以达到预期的教学效果；在实验教学中，设计性实验相对较少，验证性实验相对较多；在课程设计中，经常是很多同学在做相似甚至相同的课题，可能出现互相抄袭的现象；在毕业设计过程中，历届毕业生的设计内容几乎相同，沿袭下来，没什么创新，且有的还与实践脱节。学生在毕业设计过程中，按照教师安排的顺序规规矩矩地做下去，缺乏自主创新，使学生的主观创造能力无法得到释放和挖掘。

（3）课堂教学方式单调　目前工科院校比较注重培养学生严谨的科学精神，教学方式仍然比较单一，灌输式和背诵式教学依然存在，推理论证和探究实验的方法用得很少，教师不重视对学生进行创造性思维方式的培养与训练，课堂气氛多是机械或死板。学生处于被动地位，只知一味地接受，教师大包大揽了一切。教学过程中的一言堂模式掩盖了学生不同学习特点和认知差异，压抑了学生的个性，导致学生的创新能力低下。长此以往，必然造成学生智力上的被动性和依赖性，使学生的主体性不能发挥，个性得不到发展，更谈不上创新能力的培养。

（4）教师本身缺乏创新意识　目前高校不少教师的创新能力与素养不高。一方面，部分教师是在以前的传统教学模式下培养出来的，自身的知识需要更新；另一方面，部分教师很少进行工程实践，更谈不上具有工程研究的创新素养。这样的教师自然培养不出学生的创新能力。

2. 学生自身的惰性和人文素质差，制约着创新能力的发展

学生缺乏学习主动性和积极思考问题的习惯，是创新精神整体低落的内因。传统的教育模式看重考分，以至于培养出一批应付考试的高手，但是其实践应用能力却不强。而且奋战高考中形成的考分代表一切的思想，更加助长了骨子里的"惰"性：懒于思考，一切依照书本。在那样庞大的群落竞争中，学生习惯了被老师计划，失去了自主学习的兴趣，以至于进入相对宽松的大学校园后，就丧失了学习的主动性，也使创新活动走入了低谷。

同时，之前升学的巨大压力使得学生自己对于专业外的知识无暇顾及。他们进入大学后，生活在没有升学压力的工科氛围中，就更加放弃了对人文陶冶的追求。在国外，不仅学历是一个人知识水平的重要标志，人文修养也是自然科学家的重要特色。在中国老一辈的科学家中也可以看到，多才多艺之人数不胜数。据统计，获得诺贝尔奖的自然科学家有70%以上具有较高的人文素质，且丰富多彩。所以，人文素养是大学生素质教育中不可忽视的一环，人文接触仅止于课堂的政治思想灌输，这是远远不够的。

3. 缺乏完善的人格和良好的心理素质，限制了创新能力的发挥

在创新的道路上，有很多非智力因素在影响着最终的结果。例如，一个人的智商并不是取得成功的关键，一个智商很高的人也不一定是一个创新能力很强的人，因为他可能依赖性很强，性格很脆弱，缺乏毅力等。人在社会中需要承受来自方方面面的压力，而创新比常规解决问题有着更大、更多的艰难险阻。在排难除险的过程中，需要个体充满热情，坚持主张，敢于牺牲，锐意进取，锲而不舍。拥有这些包含积极情感体验和意志表现的非智力品质，对大学生创新精神的培养大有裨益。这种完善的性格也可以通过后天的培养而获得。

4.2　工科专业学生创新能力的培养途径与方法

创新是时代发展的主题，创新创业是当代大学生应当具备的能力，对于工科专业大学生来说，创新创业意识的培养至关重要。因此，高校应当积极采取有效途径来加强对工科专业大学生创新能力的培养。

4.2.1　树立正确的创新教育理念

> **教育误区：创新就是"小发明，小创造"。**
>
> 谈到创新教育，一些领导和教师自然地与学生的"小发明，小创造"相联系，他们认为：学生的"小发明，小创造"多的学校，创新教育就有成就。否则就没有成就。因此，就有学校提出"小发明，小创造"的指标，教师和学生想方设法为此努力。而一些媒体和行政官员也将"小发明，小创造"多的学校作为创新教育的典范广为宣传。所有这些使一些教育工作者对创新教育产生了误解：创新就是"小发明，小创造"。

所谓创新教育就是整个教育过程被赋予人类创新活动的特征，并以此为教育基础，达到培养创新人才和实现人的全面发展为目的的教育。所谓创新人才，应该包括创新精神和创新能力两个相关层面。其中，创新精神主要由创新意识和创新品质构成。创新能力则包括人的创新感知能力、创新思维能力和创新想象能力。从两者的关系看，创新精神是影响创新能力生成和发展的重要内在因素和主观条件，而创新能力提高则是丰富创新精神最有利的理性支持。

实施创新教育就是要从培养创新精神入手，以提高创新能力为核心，带动学生整体素质的自主构建和协调发展。创新精神和能力不是天生的，它们虽然受遗传因素的影响，但主要在于后天的培养和教育。创新教育的过程，不是受教育者消极被动地被塑造的过程，而是充分发挥其主体性和主动性，使教学过程成为受教育者不断认识、追求探索和完善自身的过程。因此，在教学过程中要致力于培养学生的创新意识、创新能力及实践能力。

创新教育的定位是多维度的，其中认识定位就是一个十分重要的方面。在创新教育的认识上，教育界存在许多误区，澄清这些模糊认识对学校创新教育实践具有极为重要的意义。

1. 创新只是少数天才学生的事

许多人以为创新是人的高级智慧，非一般人所能拥有。而实际，很多发明都来自普通人，创新是人的本性，也是人的生存需要，人人都具有创新的潜能与倾向，只要通过科学的教育和训练，并在实践中不断提高创造力，都可以成为创新者。问题的关键是我们后天的教育是否尊重、保护并培育了这种潜能，激发、促进并满足了这种需要。《学会生存》曾指出："教育既有培养创造精神的力量，也有压抑创造精神的力量"，人的创新精神与能力不完全是由先天因素决定的，后天的教育因素也是重要的决定力量。所以，创新教育应该具有全体性，面向每一个学生。

2. 创新只是自然科学的事

许多人以为创新就是科学发现和技术发明，只有科学教育才能培养人的创新精神与能力。实际上，不仅自然科学需要创新，社会科学与人文科学同样需要创新，特别是在科学技术效应日益显现的今天，科技创新与人文创新更应平衡发展，使未来社会既是高智力的，又是高情感的。不仅如此，即使自然科学创新也离不开社会和人文思维方式的支持。譬如，现行的历史教材中设计了人物评价等学生活动，这些教学内容没有统一的观点和唯一的答案，而是让学生在学习中自己去发现、创造。这既是一种人文创新训练，同时又支撑了科学创新精神。所以，创新教育应具有全域性，面向每一门学科。

3. 创新只是课外活动的事

也有许多教师认为，课堂教学的任务就是传授知识，发展知识是课外活动的事。实际上，这种区分是人为地割裂了传承与创新之间的内在联系。创新是整个教育模式、教育制度和教育观念的全局性改变，并不是局部的修改和增减，它应贯穿于课堂教学、课外活动和日常教育生活等方方面面，成为全部现代教育的精神特质，局部性的教育创新不可能是真正意义上的创新教育。课堂教学是创新教育的主渠道，也是学校教育改革的着重点。所以，创新教育还具有全面性，是教育系统的整体性改造。

4. 创新只是智力活动的事

还有一些人认为，创新是一个人的智力表现，高智力必然会有高创新。这也是一种错误认识。创新不仅是一种智力特征，更重要的还是一种人格特征或个性特征，是一个人综合素质的凝结性表现，是一个人的自我超越和自我发展，是一个人潜能和价值的充分实现。在人的智力水平相当或恒定的情况下，非智力因素往往起着决定性的作用，许多有创新精神的人并非智力超群，而是非智力的人格特征出众。单纯的智力活动只能培养匠人，而不可能培养大师。所以，创新教育还具有综合性，是个体生命质量的全面提升。

5. 创新只有正面的效果

几乎所有的人都认为，创新是"正面的""好的"事情，人们可以尽情地去追求。殊不知，创新是一把双刃剑，它既可以成为天使，也可以成为魔鬼，既可以为人类造福，也可以给人类致祸。现代社会的高级犯罪有哪一宗不是创新的结果呢？创新只是工具，并不是方向本身，创新还不能单独成为目的，创新教育也不能代替现代教育的全部，它必须与道德教育整合，培养人的同情心和责任感，把人的创新精神与创新能力引向为人类造福的方向。所以，创新教育具有双重性，现代教育必须致力于相互整合，兴利去弊。

中国古代的四大发明之一：火药。

火药被认为是人类发展中的一项重要创新，但它不仅被用在造福人类的工程建设中，也被用在伤害人类的战争中。

综上可见，创新创业教育并不是要求每一个大学生都着手创业，而是要培养大学生勇

于创新、敢于创业的精神，从而提升工科专业大学生的创业能力及竞争力。就目前来看，我国许多工科专业大学在大学生创新创业意识的培养上已经取得了一定的成效，但总体而言，这种创新创业意识的培养水平还比较低。因此，高校应当积极创新教育理念，培养大学生的创新思维和敢于创新的勇气。只有在大学生心中形成这种创新创业的意识，才能够有效提升工科专业大学生的创新创业能力。

4.2.2 创新人才培养模式

创新本质是人的思维和想法的创新。因此，工科专业大学生创新创业意识的培养，应当遵循以人为本的原则，建立科学完善的创新人才培养模式，制订合理的创新人才培养方案，以此为基础才能够做好工科专业大学生创新创业的培养。具体来说，首先高校应当注重对人文素养课程的建设，将创新创业的思想融入日常的专业课程教学中，在日常的考试评价机制中引入创新创业意识指标，积极鼓励学生多参与创新创业活动；其次，高校应当提升教师的理论水平和创新意识，通过加强师资队伍的建设来为工科专业大学生创新创业意识的培养打下良好的师资基础；最后，高校应当加强与社会及企业之间的联系，聘请具有实践经验的专业人士来指导工科专业大学生创新创业，与企业合作建立大学生创业平台，为大学生创新创业提供机会。

要打破传统教育模式对创新教育的桎梏，实现逐步转向以社会为本和以人为本有机结合起来的教育观。这就要求我们不仅把满足社会的需要作为教育的一个目标，而且应该把满足人的全面发展、个性的健康自由发展需要作为教育的一个重要目标。

1. 明确人才培养的目标

从人才培养过程考察，不管是提高教育质量，还是创新人才培养，作为同一问题的两个方面，只有首先将其具体化为人才培养目标和标准，整体推进，逐级落实，方有真正的保障，这才是"质量工程"的现实逻辑。这就要求新一轮的教育教学改革首当其冲地体现在对人才培养目标的科学设计上，即在由办学类型与层次所确定的人才培养目标的基础上，根据当前或未来一段时期内经济和社会（或用人单位）发展对所需人才的能力结构具体化和可操作化，确定人才培养目标，形成可测量和可评价的人才培养具体规格或标准。人才培养目标和标准是大学人才培养工作的出发点和归宿，大学教育的质量首先取决于大学人才培养目标设计的质量。

（1）明确人才培养目标的类型与层次 在类型上是培养学术性人才还是培养应用型人才？这是首先需要明确的问题。以工程教育为例，是培养科学家还是培养工程师？任何一个经济社会的发展，一方面需要部分从事工程科技攻关和技术发明的工程研究型人才，另一方面需要大量掌握工程科技前沿知识和实用技术，着重从事各领域工程技术改造和创新的应用型人才，还需要更多掌握一定的工程科技知识，从事开发工程技术推广和生产经营管理的人才。目前工程教育的体系和模式主要还是科学范式，因而现实的培养尚以科学学位为主，这从学院热衷于改名为大学可见一斑，其背后就是骨子里总认为科学是高级的，科学比技术高。工程教育需要培养工程科学家，但其比重应该是非常小的，绝大部分应是面向未来的工程师（或工程师的"毛坯"），还应该培养一部分面向市场的工程技术经营管理人才。

美国教育改革家克拉克·克尔在2001年出版的《高等教育不能回避历史——21世纪的

问题》一书中，就设想新的高等教育系统存在着三个层级：第一级是高深知识和变化中的知识级，训练人们独立工作，指导别人（如医生、律师、科学家和行政领导人），并开发和组建新的知识；第二级是既成的职业能力级，训练人们在一般的指导下工作（如生产工程师、中小学教师或会计师），使用比较传统的知识；第三级是编集的技能级，训练人们在比较特殊的指导下工作（如技术员、低级文职人员或高级秘书），使用公认的技能。正是基于对这种知识与职业的分层及对应关系的认识，不同层次高校之间的培养目标应是分层次、差异化和多样性的。

在确定人才培养目标的类型与层次过程中，要首先处理好培养人与培养人才的关系。这一点在高等教育大众化，并朝普及化方向发展的过程中显得更为迫切。大学首先是培养人，然后才是培养各级各类的专门人才。历史上以理性主义哲学思想为代表的学者们都强调大学教育的目的在于培养"完人"或"全人"（the whole man），意即培养有修养的、个性和谐和全面发展的人。实用主义或工具主义哲学思想家们则认为：大学应该为社会培养有效的公民，他不但是一个积极的公民，而且还是积极的生产者和积极的消费者。爱因斯坦笃信："只教给人一种专门知识和技术是不够的，专门知识和技术虽然使人成为有用的机器，但不能给其和谐的人格。最重要的是人要借着教育得到对于事物及人生价值的了解和感觉，人必须对从属于道德性质的美和善有亲切的感觉，对人类的各种动机、各种期望和各种痛苦有深入了解，才能和别的个人和社会有合适的关系"。

（2）具体化人才培养目标的规格和标准　明确了类型与层次培养目标，接着就要将其具体化和操作化，即确定人才培养具体标准。然而，高校往往停留在人才培养类型与层次目标上，很少有将其具体化为操作性强的人才培养（质量）标准。

当前我国创新人才培养目标设计与实施中欠缺的重要目标为：一是促进反思的能力。它具体包括学习技能（记忆技能和检索技能等）和对学习类型及战略的反思能力等，因为"基本的学习技能提供了一个关键性的基础"。如果在教学过程能够把学习技能、隐藏在教学战略背后的学习心理学原理教给学生，使其掌握这些学习的关键技能与策略，就具备了可持续发展的基础——"学会学习"的能力；也只有这样，培养学生学会学习的目标才落到了实处，有了可测量的操作化标准。二是培养有效思维能力。它涵盖了思维心理学各种重要的思维类型，如直觉思维和逻辑思维、发散思维和聚合思维、归纳思维与演绎思维等。这些都是创造性地解决问题所必需的思维方式。但通常认为，没有前者，所为之事难创新；没有后者，则所为之事无可成，故通常视前者，即直觉思维、发散思维和归纳思维等，为创新思维，为创新所必须。如果在教学过程中，使学生掌握这些思维方式（尤其是创新思维），那么无异于让学生具备了创新的重要工具——有效思维能力。对在高等教育国际化背景下肩负高等教育强国建设重任的国内大学来说，除了以上反思与有效思维能力之外，以下四点也应成为国际性人才培养的通用能力标准：一是善于表达，即具有用中英两种语言进行口头与书面表达和沟通的能力；二是国际视野，即具有从国际区域乃至全球视角来观察与解决问题，并反思与锤炼自身发展的意识与能力；三是人类情怀，即具有认同不同人类文化所公认的诸如真爱、诚信与责任等普适性人类道德能力；四是善于合作，即具有与他人合作、团队协作的能力。

普林斯顿大学在本科生培养目标中明确提出了具体的"十二项标准"：

一、清楚地思维、表达和写作的能力。

二、以批评的方式系统推理的能力。

三、形成概念和解决问题的能力。

四、独立思考的能力。

五、敢于创新及独立工作的能力。

六、与他人合作的能力。

七、判断什么意味着彻底理解某种事物的能力。

八、辨识重要的事物与琐碎的事物、持久的事物与短暂的事物的能力。

九、熟悉不同的思维方式。

十、具有某一领域知识的深度。

十一、观察不同学科、文化和理念相关之处的能力。

十二、一生求学不止的能力。

有了具体明了的培养标准，大大增强了后续由培养目标而至课程设置（设计）以及课程实施、评价的可操作性和可测量性。

（3）构建基于课程的、可测量的人才培养目标与标准体系　课程是人才培养目标实现的主要载体，课程教育目标的设定直接服务于教育目的的实现，它体现的是学校和教师对"什么知识最有价值"和"什么知识最值得学生学习"这些基本问题的价值判断，因而是体现学校教育质量的核心指标。在有了学校层面的顶层目标和标准设计后，接下来就是将其分解落实并贯彻到具体的课程中去：学校通过科学的课程设置，将人才培养目标和标准落实到人才培养方案中去，构建起培养能力标准明确的课程结构，如通识教育课程、学科基础课程、专业课程、任意选修课程（或基础课、专业基础课、专业课等），明确不同类型课程在人才培养目标与标准体系中所承担任务各是什么；院系通过将课程结构中的不同类型课程、特别是学科或专业的课程具体化，构建起专业人才培养目标和标准相对应的专业课程体系（教学计划）；教师科学设计每一门课程在人才培养目标与标准体系中所承担的能力培养内容，明确表达每门课程促进学生发展的目标（教学大纲）。最终，构建起课程—能力结构图式，形成人才培养课程—能力目标体系。

此过程需关注三点：一是统筹考虑第一课堂与第二课堂、显性课程与隐性课程，以及校内学习与校外学习三对关系及其对人才培养目标达成的功能与贡献度，即树立"大教育""大课程"和"大学习"的观念。二是对于某些通用能力，需安排一些专门的课程（群）来达成，如写作与表达能力、学习策略与技能等。多数高校还没有认识到这一点，如中文的写作、表达能力培养被严重忽视。有些如独立思考、有效思维和善于合作等普适能力的培养是每门课程教学均应承担的任务和达成的目标。三是要科学设计每门课程的学习发展目标，特别是认知发展目标。美国教育学家、心理学家本杰明·布卢姆所构建的教育认知目标分类体系因其具有分层次和可测量等优点，因而在世界范围内被广泛应用于课程目标的设计、表述与评价。布卢姆将教育认知过程目标划分为由低到高的六个层次——知识、理解、运用、分析、综合和评价。各层次之间具有从简单到复杂、由低级向高级递进的序列特征。一般认为，好的课程应当覆盖认知过程所有的层级目标，并对其发展起促进作用，好的课程体系应该体现认知目标层级的梯度设计，进而实现所有层级目标的合理发展。

2. 加强创新创业课程体系建设

创新创业课程体系建设不完善，一直是制约我国工科专业大学生创新创业意识培养的重要问题，许多高校片面强调创新活动的创建，而忽略了专业创业课程的建设，使得工科专业大学生空有创业平台而缺乏创业能力。创新创业教育的核心是大学生创新精神与创业精神的培养，是一种企业家精神的培养，创新创业课程体系的建设应当以创业规律为核心，设定针对性和层次化的课程内容，不仅要包括关于大学生创新精神培养的内容，还要包括创新创业理论知识内容，只有这样才能够全面提升工科专业大学生的创新创业能力。此外，高校创业课程体系的建设还应当遵循因材施教的原则，对于存在创业意向的大学生，注重创业技能的讲授；对于创业理论和知识基础扎实的同学，则要注重对其创新精神的培养；对于即将进行创业的大学生，注重创业实践知识的讲授。通过这种针对性的课程体系建设来提升工科专业大学生的整体创业能力。

（1）增设创新创业课程　为了加强对学生创新创业能力的培养，必须增设相应的创新创业课程，对学生进行创新创业理论教育和实践锻炼，为学生以后的创新创业打下基础。

（2）增设实验课程，培养动手能力　创新能力是在实践过程中锻炼出来的，应实施综合开放实验，培养学生的实践和创新能力。

实践出真知，只会背书本应付考试的学生，成绩再好也只是纸上谈兵，工科专业大学生更广阔的学习天地应该在实验室和工作现场。实验课上仅仅完成那些在书本上预先设置好实验目的、步骤和结论的实验是远远不够的。开发创造思维，消除思维定式，需要学生自己去思考，去验证和解决自己的疑窦。所以，工科大学的实验室应该对学生更为开放，实验老师只是起从旁指导的作用，而不是指挥与监督。

同时，在实验课程中增设创新性实验，改变以往以验证性实验为主的局面。例如有的机械专业在机械设计课程增设"机械传动系统创意组合实验"，对学生创新性思维的激发与培养收到了良好的效果。

学生工程实践能力和创新能力的锻炼和提高，在很大程度上依赖于实验教学。实验教学环节对培养学生的综合应用能力和创新能力起着重要作用。大力提高环境类专业的实践教学效果，进一步培养学生的工程实践能力，是目前我国工科大学的一个重要任务。高质量实验装置的研究和开发是提高实践教学的关键因素之一。

1）当今实验教学存在的问题。研究调查显示，现今大学生毕业之后不能找到理想的职位多是由于没有实际工作经验，工程经验不足，很多学生必须在上岗一段时间后才能逐步适应新的工作环境，因而也不能及时发挥其作用，这在工科院校毕业的大学生身上尤为突出。而造成这种状况的直接原因在于工科院校实验教学环节的薄弱，主要表现在：

① 实验教学受到削弱。近年来我国高校招生规模持续扩大，但教育投入并未同步加大，许多工科院校实验室面积不足，实验手段和仪器设备普遍陈旧落后，新办专业实验条件尤为短缺。

② 实验教学从属于理论教学。许多高校的实验教学依附于理论教学，没有系统和相对独立的实验教学计划，实验内容也以验证性实验为主，设计性和综合性实验较少，研究创新性实验更少。

③ 实验教学方式不完善。目前，许多高校中的实验教学一般由指导教师先介绍实验目

的、实验原理以及所用的仪器设备，再对学生重点示范，最后才由学生动手操作实验。学生做实验是被动的，束缚了学生的思想，学生的积极性与主动性得不到充分发挥。

④ 考核方式不合理。由于实验教学从属于理论教学，与理论教学相比，对实验教学的重视未达到应有的程度，教师的指导能力和学生实验能力的高低，从课程体系的考核中几乎得不到反映，致使学生在学习过程中，对实验课往往未能给予足够的重视，更缺乏培养、锻炼自己的工程实践能力的意识。而且，由于实验设备有限，往往是几个学生共同完成一组实验，这必然导致了部分学生无实际动手操作的后果，达不到预期的实验效果。

此外，实验人员队伍结构不够合理和素质欠佳等问题也影响着实验教学质量的提高。

2）改革实验教学方法，培养学生的工程实践能力和创新能力。

① 单独设立实验课。实验教学是培养学生理论联系实际、分析问题和解决问题能力的重要教学环节，通过此环节可以培养学生深刻理会课堂内容并提高学生的动手能力和创新能力。因而在课程设置中应该改革实验教学附属于理论教学的传统模式，增加实验学时比例，另可独立设置实验课程，单独计算学分。

② 实验教学装置的改进。目前，实验教学装置的陈旧和缺乏是很多高校在开展实验教学时所遇到的问题。针对此种情况，学校可以自行研发设计实验教学装置。通过在课堂上教授基本原理、实验过程中结合具体装置进行讲解和拓宽、课后有兴趣的同学进一步探索设计和研究，让学生学会主动学习，培养学生提取、加工信息的能力，深入探索更多更有意义的设想方案，提升创新能力。

③ 改革实验考核方法。考试方法的改革是推动实验教学改革的一项有力措施。对实验成绩的评定不能简单地看实验结果是否准确，而要着重以实验方法、实验过程以及分析和处理问题的思路来评价实验成绩。采用让学生自主设计和自行实验，独立完成实验，采取答辩的方式展示自己的实验内容和结果，并对老师和其他同学的提问进行回答。最终成绩的评定即是根据学生多方面的能力给出综合评价，不仅提高了学生学习的积极性和主动性，而且可获得较好的教学效果。

3）构建科学有效的评价方式。改革考核制度，创新教育教学评价体系和方法。要营造一个宽松的环境，改变对学生记忆和模仿能力的考核方式，以新的考核体系反映和培养学生运用知识提出问题、分析解决问题的能力。变单一闭卷笔试模式为笔试、口试、论文、操作、设计、开卷、闭卷和半开卷等多种考核模式，做到既考知识，又考能力和综合素质，使考试更科学、更合理、更具多样性和开放性，以此促进大学生积极主动提高自己的创新意识与创新能力。

从理论上讲，我们都知道教学的目的不是让学生为了考试而学习，而是为了学生在学得知识的基础上培养分析问题和解决问题的能力。但在实际操作中，人们往往遵循现有的模式，教师即省力又方便，学生不用太费力就能拿高分，教师、学生皆大欢喜。这忽略了思维能力培养，最终受害的是学生。为了真正地把教和学的目标转到培养独立思维能力和发明创造能力上来，可以采取一种综合检验学生学习的模式，该综合检验模式包含以下内容：

① 评价学生学了什么及在某一方面有多大进步，应该与该领域的实际发展情况结合起来，而不应该就教学内容而言。

② 评价学生应该展示学生如何解决问题，而不是老师事先把问题程序化，学生只需要

提供一个答案。

③ 评价学生应该能够反映学术领域的价值，而不是教师提出的一种假设。

④ 评价学习的方式不一定要采用单一闭卷考试行为，开卷考试、合作完成论文、实验或社会调查都是可行的方式。

⑤ 由于通过上述方法产生的结果可能会非常不同，教师在评价过程中，主要注重的应该是学生分析能力和在对问题的阐述过程中采用的视角和价值观，而不是学生是否能提供一个准确答案。

⑥ 评价学习要与教学大纲有关，但不一定要局限在教学大纲内。

⑦ 评价学习要能够体现学生知识的整体性。

⑧ 应该让学生选择他们认为最能展示自己能力的考核方式。

以上观点对目前改革大学教学评价环节很有指导性。

4）改革传统的教学方法。改革传统的教学方法，给学生留出广阔的思维空间。在教与学的过程中，不能把学生看作是消极被动的接受工具，要改变过去传统的"灌输式""填鸭式"的教学方式，要积极推广"启发式""讨论式"和"研究式"教学方式，激发学生独立思考意识和创新意识，从而达到提高教学质量的预期目标。

4.2.3　营造良好的创新创业环境氛围

1. 提供创新创业平台

当前国家和高校对于大学生创业都十分重视，具体体现在以下两个方面：

1）许多高校都建立了大学生创业园区和创业孵化基地等大学生创业平台，为大学生提供了较好的创业机会和创业环境，如图 4-1 所示。

图 4-1　大学生创业园及创业孵化基地

2）随着网络技术的发展，各种网络资源也给大学生的创业提供了契机，如电商创业、微商创业等项目的入门都比较简单，适合众多大学生。如图 4-2 所示，由温州大学城市学院电子商务创业班发起成立的"众城电商创业联盟"，为大学生提供了一个以"助人利己、爱心接力"为宗旨的公益性电子商务创业兼职学习交流平台。

从上述分析可知，大学生的创新创业环境总体良好，为了进一步培养工科专业大学生的创新创业意识，高校应当加大对创业环境和氛围的营造力度，通过举办创业竞赛、创业培训等活动来提升大学生的创业积极性。此外，高校还可以借助微博和微信等社交媒体对创业风云人物进行宣传，如马云和陈欧等，通过对这些创业企业家的介绍来激发学生的创新创业热情。

图 4-2 众城电商创业联盟

2. 积极开展创新创业竞赛

创业竞赛是培养工科专业大学生创新创业意识的重要途径，因此，高校应当积极开展创新创业竞赛。针对工科专业大学生，高校可以举办数学建模竞赛、物理建模竞赛、力学竞赛、挑战杯创新创业大赛、机械创新大赛（图 4-3 和图 4-4）和电子竞赛等，通过创新创业竞赛的开展来为有兴趣、有创业想法的大学生提供平台。这不仅能够培养工科专业大学生的创新创业意识，还能够培养其创新实践能力，让大学生积累宝贵的创业经验。

图 4-3 第七届全国机械创新大赛现场

图 4-4 参赛选手在向评委展示作品

大学生科技创新竞赛是提高工科专业大学生实践能力和科研能力的一项竞赛，是教育部鼓励大学生积极参与的科技竞赛之一。通过该竞赛，学生的动手能力、分析问题和解决问题的能力得到提高，受到高校的高度重视。

通过组织学生运用所学知识进行各种科技创新活动，能够培养其创新意识和科学素养，激发其创新能力。具体办法很多，可以借助学校学生会、团委和教务处等部门开展各项活动。可以在节假日深入社会各社区和群众聚集场所开展电器修理、计算机知识讲座和设计成果展示等；也可以让学生参加学校的课题研究项目，在老师的指导下完成各种调研工作；还可以积极报名参加国家每年举办的各类科技大赛，教师在此过程中要及时指导和帮助他们，在参赛过程中增长知识和才干；最后，学校也应定期举办诸如数学建模竞赛、电子设计大赛和软件设计大赛等，为学生提供科技创新的平台，营造校园创新氛围。

以学生为主体的各种科技创新活动，从准备到参加比赛，起主导作用的是学生。比赛中涉及的技术事务和非技术事务都由学生自行解决，遇到棘手的问题，指导老师协助学生解决。在整个比赛过程中，以学生为主体，锻炼了学生处理问题和解决问题的能力，提高了学生的综合素质和心理素质，培养了学生高度的责任感和创新能力。

（1）科技创新活动可以培养大学生分析问题和解决问题的能力　各种科技创新活动从报名→产品设计→材料购买→机械安装与调试→参加比赛，期间涉及各种细节问题，各种问题的分析和解决都靠参赛学生独自完成。每年国家及省级科技创新活动的举办方都会在网上宣布报名的流程和比赛的规则事宜，参赛学生根据官网提供的资料，自主网上报名和购买材料，根据规则提供的相关信息和参考往届科技创新大赛自主设计，机械安装与调试都由学生独自完成。整个过程遇到的问题由学生自己分析和解决。通过各种科技创新活动平台的锻炼，学生分析问题和解决问题的能力得到很大提高。

（2）科技创新活动可以培养大学生掌握和运用知识的综合能力　一项科技创新活动涉及的内容多且广，包括计算机、电子、通信、机械和自动化等相关专业知识，参赛的学生都是某个专业的学生，学生单靠自己本专业知识很难将参赛作品做好。学生在制作参赛作品过程中，需要学习和掌握参赛作品所涉及其他专业知识，将所学知识灵活地运用在参赛作品上，使所制作的参赛作品既快又稳地完成比赛。通过科技创新活动，学生掌握知识和运用知识的能力得到提高。

（3）科技创新活动可以培养大学生团队协作意识　在科技创新活动中，单靠一个人是很难取得好成绩的，要取得好成绩，就必须组建团队。科技创新活动每支参赛队伍都有规定的参赛人数要求，最多由三名队员组成，队员中有专攻软件的，有专攻硬件的，有专攻调试的，他们既分工又合作。在参赛作品的设计与安装调试过程中，经常会遇到各种各样的问题，需要队员之间互相协作，将问题一个一个解决。借助科技创新活动平台，培养大学生的集体主义和团队合作精神，学会如何与人合作，学会如何在一个团队里将事情做得更好，学会如何进步。

（4）科技创新活动可以培养大学生与其他高校学生的交流能力　科技创新活动比赛队伍来自不同的高校，各参赛队伍的参赛作品在比赛现场展示，直到比赛结束，各参赛队伍参赛队员可以看到自己所设计的参赛作品与其他参赛队伍作品的区别，依据现场比赛情况可以看到自己的成绩与其他参赛队伍成绩的差别，成绩较差参赛队伍的参赛队员和成绩较好的参赛队员进行技术交流，从中了解硬件设计、软件算法和机械设计技巧。比赛结束后，大赛组委会一般也会组织经验交流会。在交流会上，指导老师和参赛队员可以就本次比赛技术问题、竞赛场地和经费使用等情况相互进行交流，从中学习他们解决问题的思路和方法，为下一届科技创新活动创造良好条件。通过科技创新活动，为学生创造了一个良好的交流平台，学生的交际能力得到提高。

（5）弘扬竞赛精神，唤起大学生创新能力培养的自我意识　竞赛精神体现了大学生对创新价值的认识和与之相关的个体价值的自我认识。如果大学生对创新没有正确的认识，就不可能主动进行创新能力的自我培养，被"塑造"的创新型人才必然是失败的。基于竞赛精神的积极作用，举办科技知识咨询、社区科普文明宣传、学生论文报告会和师生交流会，邀请国外专家和学者讲学，鼓励学生市场调研与社会实践交流，引导大学生将创新价值、专业价值、个人价值和社会需求结合起来，就会使他们理解人的创造性本质，进而产生追求自我价值实现的动力，为创新能力的培养奠定基础。

（6）完善组织体系，保障校园科技活动稳定而有效地开展　大学生创新能力培养的系统性决定了其复杂性。与其他大学生活动相比，科技创新活动涉及的部门广，周期长，人力和物力投入大。为保障大学生的能动性在科技创新活动中充分发挥，需要一个高效和严密的组织体系来引导和协调。校团委、学生处、教务处和科技处等高校职能部门通力合作，不断完善"金字塔"型大学生创新活动的格局。在校团委的领导下，成立校、院两级学生科技协会，横向跨专业创建主题多样的创新协会，纵向以实验室为基础建立承上启下的研究团队。开放实验室，从经费、物品、器材、场地和指导教师等几方面为学生课外学术科技活动开展提供有力的保障。大学生应在专业教师的指导下，成为各个科技组织的主体，实现自我管理。

（7）建立创新评价体系，调动大学生创新能力培养的积极性　建立创新评价体系的出发点在于，将大学生创新的内在需求因素与外在环境因素有机结合起来，促使两者相互作用以产生最大的行为动力。因此，我们在强调校园科技活动中学生主体性的同时，还应创建良好的外在环境——评价体系，为两个因素的结合提供平台。科技活动的评价体系应坚持"以人为本"的理念，通过弹性和多样的评价管理方式，最大限度地提供学生发展的空间。工科院校经过多年探索，采取了一些有益的尝试，如学校制定了一系列科技创新创业文件加强引导，将大学生科技创新活动纳入专业课考试方法改革，对获得国家级和省级奖项的指导教师及学生给予奖励和相应的考试加分等。该评价体系目的在于激励和调动学生创新能力培养的积极性，弱化科技成果的因素，强调科技活动过程对于大学生的教育、发展和辐射的作用。

（8）引导创新成果的转化，助力"产学研"互动良性循环　大学生创新能力的成功培养，需要创新成果来证明，同时也是高校"产学研"教育模式的具体体现。通过生产、学习和科学研究、实践运用的系统合作，把以课堂传授知识为主的学校教育与直接获取实践能力为主的科技创新实践有机结合。因此，建立必要的成果转化机制是大学生科技创新活动不可缺少的环节。一方面，尽量为优秀的科研作品提供转化的渠道信息，如论文的发表和专利的申请、科技查新、成果鉴定等；另一方面，对于具有市场价值的成果要尽快采取措施，提供与企业技术对接的平台，将其推向市场，使其在促进经济社会发展上做出具体的贡献。

3. 加强与企业合作，营造大学生课外科技创新活动的本台

为了提高学生理论联系实际的能力，要充分发挥学校的人才优势，加强与企业的合作，充分利用企业的实践环境和条件，为学生营造课外科技创新活动的平台。通过和本地企业合作的形式发挥互惠互利和优势互补的功能，使合作各方获得最大的经济效益和社会效益，提高科研成果的转化率，为学生提供可以联系自身所学与实践应用的平台，发挥自己的创新能力，为企业服务，达到双赢的目的。

（1）共建科研机构　共建科研机构的产学研联盟包含共建国家级及省市级重点实验室、共建研发中心和共建科研实训基地等类型。要符合社会的发展需要，就应充分发挥系统化教学体系及高科技创新的优势，始终将科技前沿的内容引入到教学中，以科研促教学，把理论课程与实际生产紧密结合起来，既使教师的科研课题来源于实践，也要让学生参与到教师的科研和实际生产中。

（2）共订培养计划　由企业工程师、技术人员、高校教师以及管理人员共同制订教学培养计划及培养目标，优化课程体系和结构，共同培育人才，使课程更适合培养创新型及应用型人才，共同对学生的知识技能及实践能力进行全方位的综合考评，使学生的学习是一个过程而不仅仅是一个结果。

（3）资源共享模式　公司或企业及学校长期互聘专家和教师，企业技术人员可以直接参与到学校的教学中，学校教师和学生也可到企业进行实验和实训等。另外，图书馆及实验室等资源也实现共享。

（4）技术开发合作及转让　项目可以是委托开发，也可以是合作开发，或者是高校为企业提供技术支持、技术服务和技术咨询等。合作双方通过签订技术合同，由高校及科研院所将所研发的成果转让给企业，同时为企业提供技术服务。

4.2.4　建设高水平的师资队伍

教师是教育创新的关键。教师在知识经济条件下的创新实践代表着当代教育的本质。从教育工作者特别是教师角度来看，教师质量是教育质量的重要保证。教师是学生的直接典范，几十年如一日不换讲义照本宣科的教师很难赢得学生的青睐和敬服。教师的惰性也会直接影响学生的学习质量和学习热情。作为学生的指导者，教师对自身知识和素养的不断刷新和提高，是对工作和学生认真负责的体现。

高水平的师资队伍是培养学生创造能力的关键。除了引入高科研能力人才，培养高教学水平教师，还要强调工程实践经验的获取。重视师资队伍建设，重视学科建设和发展，逐步形成一支科研能力强和教学水平高的师资队伍，促进教学质量的提高，提高学生的培养质量。通过多年的科研实践，教师科研水平的提高，能为培养学生实践能力和创新能力奠定良好基础。

鼓励教师创新能力的培养，可在两方面实施：一种是教学方法的创新，另一种就是作为科研工作者的科学创新。教学方法的创新直接使学生受益，而作为社会的一分子，科学创新造福社会，是每个科技工作者的本分。同时，积极创新的教师思维更为活跃，能更好地找准培养过程中的薄弱环节，帮助学生培养创新意识，开发创新能力。

1. 转变教育观点，培养创新意识

教师观念的转变是实施创新教育的关键和前提，教师观念不改变就不可能培养出具有创新意识的学生。首先，要认识课堂教学中教师与学生的地位和作用，教与学的关系，发挥教师的主导作用和学生的主体作用，充分调动学生的学习主动性和积极性，使学生以饱满的热情参与课堂教学活动。建构主义理论认为：知识不是通过传授得到的，而是学习者在一定的情境即社会文化背景下，借助他人（包括教师和学习伙伴）的帮助，利用必要的学习资料，通过意义构建而获得的。因此，教师在学生的学习过程中应是组织者、指导者、帮助者和评价者，而不是知识的灌输者，不要把教师的意识强加于学生；而学生是教学活动的参与者、探索者和合作者，学生的学习动机、情感和意志对学习效果起着决定性作用。其次，在教学方法上也要改变传统的注入式为启发式、讨论式和探究式。学生通过独立思考，处理所获取的信息，使新旧知识融会贯通，建构新的知识体系。只有这样才能使学生养成良好的学习习惯，从中获得成功的喜悦，满足心理上的需求，体现自我价值，从而进一步激发他们内在的学习动机，增加创新意识。

教师应该摒弃传统的高高在上的观念，尤其是到了大学阶段，要让学生在轻松愉快和民主的氛围中学习，减小他们的心理压力，更好地培养他们对于课程本身的兴趣；鼓励学生多

提问和思考，多开展课堂讨论，鼓励学生参与教学活动，教师寓教于乐，学生寓学于乐，教学相长，学习与教学都不再是苦差事。

2. 营造教学氛围，提供创新舞台

课堂教学氛围是师生即时心理活动的外在表现，是由师生的情绪、情感、教与学的态度、教师的威信和学生的注意力等因素共同作用下所产生的一种心理状态。良好的教学氛围是由师生共同调节控制形成的，实质就是处理好师生关系、教与学的关系，真正使学生感受到他们是学习的主人，是教学成败的关键，是教学效果的最终体现者。因此，教师要善于调控课堂教学活动，为学生营造民主、平等、和谐、融合、合作和相互尊重的学习氛围，让学生在轻松和愉快的心情下学习，鼓励他们大胆质疑，探讨解决问题的不同方法。亲其师，信其道，师生关系融洽，课堂气氛才能活跃，只有营造良好的教学气氛，才能为学生提供一个锻炼创新能力的舞台。

要培养学生的创新思维，首先要求教师尊重学生的人格个性，承认学生的兴趣和性格的多样性，并在此基础上开展创造性教学活动，使每个学生都能在教师的引导下主动、积极地学习，从而发挥出自己的创造性潜能。

3. 训练创新思维，培养创新能力

创新思维源于常规的思维过程，又高于常规的思维，它是指对某种事物、问题、观点产生新的发现、新的解决方法和新的见解。它的特征是超越或突破人们固有的认识，使人们的认识"更上一层楼"。因此，创新思维是创造能力的催化剂。提问是启迪创新思维的有效手段。因此，教师在课堂教学中要善于提出问题，引导学生独立思考，使学生在课堂上始终保持活跃的思维状态。通过特定的问题使学生掌握重点，突破难点。爱因斯坦曾说："想象比知识更重要，因为知识是有限的，而想象力概括着世界的一切，推动进步并且是知识进化的源泉"。想象是指在知觉材料的基础上，经过新的配合而创造出新形象的心理过程。通过想象可以使人们看问题由表及里，由现象到本质，由已知推及未知，使思维活动起质的飞跃，丰富的想象力能"撞击"出新的"火花"。因此，在教学过程中要诱发学生的想象思维。

4. 掌握研究方法，提高实践能力

科学的研究方法是实现创新能力的最有效手段，任何新的发现、新的科学成果都必须用科学的方法去研究，并在实践中检验和论证。因此，教师要使学生掌握科学的探究方法，其基本程序是：提出问题—做出假设—制订计划—实施计划—得出结论。课堂教学中主要通过实验来训练学生的实践能力，尽量改变传统的演示性实验和验证性实验为探索性实验；另外还可以向学生提供一定的背景材料和实验用品，让学生根据特定的背景材料提出问题，自己设计实验方案，通过实验进行观察、分析、思考和讨论，最后得出结论，这样才有利于培养学生的协作精神和创作能力。有时实验不一定能获得预期的效果，此时教师要引导学生分析失败的原因，找出影响实验效果的因素，从中吸取教训，重新进行实验，直到取得满意的效果为止。这样不仅能提高学生的实践能力，而且还能培养学生的耐挫能力。

5. 教师应具备的能力和知识结构

在现代社会，知识总量的增长及更新换代加速、新学科的涌现，促进了教学内容的更新和课程改革，呼唤着教育终身化。不断学习成为现代人的必然要求。教师成为知识的传授者，更要适应现代教育的发展需求，不断学习新知识、不断更新自己的知识结构。继承是学

习，创新也是学习。教师要提高自学能力必须要做到：能有目的地学习；能有选择地学习；能够独立地学习；能在学习上进行自我调控；最终走上自主创新性学习之路，以学导学，以学导教。同时，教师知识结构必须合理，现代社会的教师不能仅用昨天的知识，教今天的学生去适应明天的社会。作为教师除了掌握有广博的科学文化知识外，还要具备心理学和教育学知识，要掌握现代信息技术，才能适应现代发展的需要，才能更好地去当好先生、教好学生。

6. 利用新的信息，触发创新灵感

在现代社会，教师要培养学生收集和处理最新信息的能力。科学技术的迅猛发展，新技术和新成果的不断涌现，瞬息万变的信息纷至沓来，令人目不暇接。只有不断地获取并储备新信息，掌握科学发展的最新动态，才能对事物具有敏锐的洞察力，产生创新灵感。否则，创新将成为无水之源和无本之木。因此，要引导学生通过各种渠道获取新信息，如通过图书馆、电视、报纸、互联网和社会调查等获取信息，为创新奠定坚实的知识基础。这样才能在科学上高屋建瓴，运筹帷幄，驾驭科学发展的潮流，才能使创新能力结出丰硕的成果。

4.2.5 注重对学生创新创业意识的培养

我国对于大学生创新创业意识的培养起步较晚。随着我国大学生就业压力的不断增大，工科专业大学生的创新创业越来越受到重视，高校工科专业大学生大多有一定的创业理论基础，但创新创业意识不足，这就要求高校积极加大对工科专业大学生创新创业意识的培养力度。

1. 我国工科专业大学生创新创业意识培养的困境

虽然我国高校对于大学生的创业教育越来越重视，但对于大学生创新创业意识的培养还处于起步阶段；受限于师资匮乏、课程设置不合理以及学校领导层的不重视等原因，我国工科专业大学生创新创业意识的培养还有待加强。20世纪90年代，我国各大高校开始对大学生的创新创业项目重视起来，各种工科类的创业项目也逐渐从社会走向大学，并且逐步形成了一定的创新创业教育培养体系，但对创新教育的重视程度，仍然滞后于我国就业压力的增加。此外，许多高校过于注重对工科专业大学生专业技术理论和知识的培养，对其创新创业意识的培养则不够重视。

创新创业意识与严密的逻辑思维和开放的形象思维是和谐统一的，其中严密的逻辑思维与形象思维与科技活动相互对应，形象思维与人文活动相对应。创业指的就是逻辑思维与形象思维的统一。但与发达国家相比较，我国工科大学生缺乏创新精神和良好的创业意识，科技活动和人文活动都相对落后。此外，我国工科专业大学生创新创业意识的培养模式还比较落后，还不能够满足社会日益增长的创新型人才需求。

2. 创新创业意识培养的重要性分析

创业教育在我国教育领域占据的位置越来越重要，大学生创业的受重视程度越来越大。从创业教育本身来说，大学生创新创业意识培养的重要性主要体现在以下三个方面：

（1）符合社会转型的需求　就目前来看，我国社会正逐渐转型为创新型社会。在这个转变的过程中，大学生创业起到了重要的推动作用。高等院校通过培养具有创新意识和创新能力的先进创新人才来推动我国实现社会转型。

（2）符合大学生自身发展的需求 当今时代是科技化的时代，科技的更迭和创新十分迅速。在这样的大背景下，创新创业精神对于大学生自身发展有着重要的意义。当今市场竞争日趋激烈，大学生要想在激烈的竞争中占据一席之地，创新创业意识至关重要。只有敢于创新、勇于创新且有着较高的创新创业能力，大学生才能够在激烈的竞争中脱颖而出，才能够促进自身的发展。从精神方面来讲，拥有创新创业精神和意识能够帮助大学生在创业过程中勇于创新，突破自我，从而实现自身的重要价值。

（3）符合大学生就业的需求 当今社会就业形势十分严峻，大学生的数量越来越多，市场上人才的知识水平层次有了明显的提升，这就使得许多大学生毕业找工作十分困难，出现毕业即失业的严峻形势。面临这种就业形势，创业成了众多大学生的选择。高校对大学生创新创业意识的培养，有利于促进大学生进行创业，并提升大学生的创业能力。在就业形势十分严峻的今天，对大学生创新创业意识的培养非常符合大学生当前的就业需要。

3. 工科专业大学生的特点及创新创业优势

我国工科专业大学生有着专业分布广和数量众多的特点，与文科专业大学生相比较，工科专业大学生对于专业知识及科学技术的依赖性较强，一些高端的技术革新生产大多来自于工科。这就对工科专业大学生创业意识的培养提出了较高的要求，工科专业大学生具有如下三个方面的创新创业优势：

（1）创业群体具有较高知识水平 工科专业大学生的文化素质基础较好，各种先进的理论掌握得比较扎实，且动手能力较强，具有长远的眼光和开阔的视野。对于当前发展比较快的计算机专业和自动化专业的大学生来说，这种较高知识水平体现得尤为明显。经过四年的大学生涯，工科专业大学生紧跟时代的发展，掌握着先进的科学技术，这为创新创业提供了较好的理论基础。

（2）创新创业的技术含量较高 工科专业大学生的创业以专业技术为基础，与文科专业大学生相比较，其创业项目的技术含量较高。工科专业大学生对于科技领域前沿信息的捕捉能力和获取能力较强，许多工科专业大学生在校期间就积极参与相关研究项目。这些研究项目有的与市场上的企业互相合作，以市场的需求为导向。从这个角度来讲，工科专业大学生的创业具有高技术含量，与当今时代发展和市场需求紧密相连，不是靠自身的想象力想象出来的。对于工科专业大学生的创业来说，一旦将先进的科学技术转化为科研成果，其核心技术的关键性和优势性是十分重要的，创业产品在市场上是经得起考验的。

（3）支撑创新创业的平台丰富 与普通的创业者相比较，工科专业大学生的创业平台丰富，创业资源丰富。学校不仅会提供先进的硬件支持，同时能够调动大量的师资来支持大学生创业。此外，工科专业大学生的许多创业项目都依托于与高校合作的企业科研平台。这种产学研一体化的形式给工科专业大学生提供了广阔的创业平台。高校在发展的过程中，对于大学生创业越来越重视，许多高校设立了科技园区和创业项目比赛，这些都为工科专业大学生创业提供了机会。

21世纪是知识经济时代和信息时代，更是一个全面创新的时代。我国实施技术创新战略的一个重要组成部分就是培养工科学生的创新能力。工科院校承担着培养未来工程师的任务，这是一项复杂而庞大的系统工程。

4.3 机电类专业开展创新实践活动的途径与方法

受传统教育思想的影响，在我国的高校教育中，一直存在着"五重五轻"的教育现象。这一现象中"五轻"对后期的高校教育影响巨大，对一直困扰高校的毕业生就业问题影响巨大，是高校人才培养的一种缺陷。针对这一问题，国家在2007年就颁布了《教育部关于深化本科教学改革全面提高教学质量的若干意见》（教高〔2007〕2号）文件（以下简称《意见》），明确提出了高校课程体系的建立要与社会发展相适应；要推进人才培养模式和机制改革，着力培养学生创新精神和创新能力；要求高度重视实践环节，提高学生实践能力。从《意见》中可以看出，国家对大学生培养已经从单纯地掌握理论知识上升到了不但要掌握理论知识，还要将理论知识应用于实践，有效地解决实际问题才是最终目的。

4.3.1 人才培养模式的改进

美国把学生亲身经历的内容作为教学案例，从而达到从实践中学习，培养出能适应工程技术和生产管理需要的优秀人才；英国采用了"教学公司计划"；日本的"体验式教学"和"双师型"人才引进，把企业的需要及时反馈给学校，学校采取相应的针对性措施。他们的做法不但提高了学生的实践能力，同时也提高了毕业生在严峻就业形势下的竞争力。

传统的机电类专业实践教学存在诸如实践教学大纲与实践设备陈旧、缺乏对学生创新兴趣培养与考核等缺点。基于以上原因，目前大学生实践教学除课程配套实践教学外，需要增加与生产实际相关的实践教学内容，以提高学生学习的积极性和主动性。

1. 在课程体系中新增了创新课程

开设创新类课程，启发学生创新意识。根据机电类专业人才培养目标的要求，在课程体系中新增了创新创业相关课程，如创新教育与创业基础、专业创新创业课程和创新创业实践与活动等课程。在对学生的教育培训中，重点讲解创新思维、创新工程、创新教育和创新能力开发等内容，重点训练学生的灵活性思维、求一型思维、发散性思维和逆向思维等。开发学生思维的流畅性、灵活性、精确性、敏捷性和变通性，以此来激活大学生的创新潜能和创新主动性，让学生掌握创新思维的策略，使他们对新知识有较强的敏感性。

2. 顶岗实习

将即将毕业的学生送到与本专业相关的合作企业，直接参与企业的一些生产项目，通过解决项目执行过程中存在的问题来系统地训练其解决问题的方法，进一步强化所学习理论知识，并能将理论知识熟练运用到实际问题解决过程中。

3. 学徒制学习

在低年级学生中推广实施学徒制学习。"学徒制"是一种在实际工作过程中以师傅的言传身教为主要形式的职业技能传授形式，通俗地说即"手把手"教。现代学徒制是由企业和学校共同推进的一项育人模式，其教育对象既可以是学生，也可以是企业员工。对他们而言，就学即就业，一部分时间在企业参与生产，一部分时间又在学校学习。

4. 现场教学

针对一些实践性强的课程，从单纯的理论教学中走出来，让学生进入一个模拟工作现场的教学环境中。它不仅是课堂教学的必要补充，还是课堂教学的继续和发展，是与课堂教学相联系的一种教学组织形式。

4.3.2　以学科竞赛为平台

近年来，很多高校结合教育部实施"卓越工程师培养计划"的宗旨和措施，不断探讨大学生的创新实践能力培养模式。学科竞赛在这样的环境下应运而生，这些课外科技活动在培养学生自主创新、团队协作能力、解决实际问题和实践动手能力等方面都具有非常重要的作用，是应用型人才培养的有效途径之一。

1. 全国大学生工程训练大赛

大赛的主要目的是开展大学生工程训练综合能力竞赛，促进各高校提高工程实践和工程训练教学改革和教学水平，培养大学生的创新设计意识、综合工程应用能力与团队协作精神，培养学生基础知识与综合技能相结合、理论与实践相结合的能力，养成良好的学风，为优秀人才脱颖而出创造条件。

通过参加工程训练大赛，不仅锻炼了学生机械设计和制造方面的专业知识，同时也锻炼了学生面对复杂情况时，解决实际问题的综合能力，也为学生将来走上工作岗位，学会与人（团队）的专业协作奠定了基础。关键是在大赛中，让学生看到了其他参赛组的设计思路，看到一些书本上学不到的、设计非常巧妙的机构，大大拓宽了学生的知识面，也为其将来的专业工作奠定了基础。

2. 全国大学生机械创新设计大赛

大赛的主要目的在于培养学生的综合设计能力与协作精神，加强学生动手能力的培养和工程实践的训练，提高学生针对实际需求进行机械创新、设计和制作的实际工作能力，吸引和鼓励广大学生踊跃参加课外科技活动，为优秀人才脱颖而出创造条件。

每一届机械创新设计大赛的主题都不一样，属于命题型创作，这完全区别于其他一些内容具有传承性的大赛。因此，所有参赛对象都是处于同一个起跑线，针对提出的问题进行设计，并制作出模型。结构设计的合理性与模型制作的准确性是决定比赛结果的关键环节。尤其是近年来该比赛还增添了电和控制等方面的内容，涉及机、电、液、气、光和信息技术等。这些新条件的加入，真正使学生认识到当今机械设计与制造已经不再是传统的、狭义的机械设计制造，而是变成了一个综合的、广义的机械与设计制造，对于学生的综合能力提出了更高的要求，对团队组成以及队员的相互协作提出了更高的要求。

3. 大学生创新创业训练计划

"大创计划"是一种新的人才培养模式。它不仅重视创新教育，培养学生科研能力，同时将创业教育也纳入人才培养方案和教学计划中，培养具有创新意识和创新能力的新型人才。目前，大部分高校逐步构建了国家级、省级和校级三层次的大创训练体系，主要以创业实践项目为主，学生要完成观察生活—发现问题—立项—原理结构设计—模型制作—调试（解决问题）。学生通过"大创计划"项目将所学知识系统整理运用，对于未接触的课程积极主动自学，不仅锻炼了学生的综合应用能力，团队协作能力，更锻炼了学生的自学能力，激发了学生的学习热情，引导学生活学活用，激发学生的创新精神，提高学生的就业率。

"挑战杯全国大学生系列科技学术竞赛"（简称"挑战杯"），是由共青团中央、中国科协、教育部和全国学联、地方省级人民政府共同主办的全国性的大学生课外学术科技创业类竞赛，承办高校一般为国内著名大学。"挑战杯"竞赛在中国共有两个并列项目，一个是

"挑战杯"全国大学生课外学术科技作品竞赛（大挑），如图 4-5 所示；另一个则是"挑战杯"大学生创业计划竞赛（小挑），如图 4-6 所示。这两个项目的全国竞赛交叉轮流开展，每个项目每两年举办一届。"挑战杯"系列竞赛被誉为中国大学生科技创新创业的"奥林匹克"盛会，是目前国内大学生最关注、最热门的全国性竞赛，也是全国最具代表性、权威性、示范性和导向性的大学生竞赛。

图 4-5 "挑战杯"全国大学生
课外学术科技作品竞赛

图 4-6 "挑战杯"大学生创业计划竞赛

自 1989 年首届竞赛举办以来，逐渐从精英赛事转向了大学生的盛会，已形成了校、省、全国三级"挑战杯"竞赛体系。"挑战杯"竞赛始终坚持"崇尚科学、追求真知、勤奋学习、锐意创新、迎接挑战"的宗旨，在促进青年创新人才成长、深化高校素质教育和推动经济社会发展等方面发挥了积极作用，在广大高校乃至社会上产生了广泛而良好的影响。创新是"挑战杯"竞赛的精髓。"挑战杯"竞赛也成了大学生创新能力培养最有效的平台之一。

4.3.3 创新型师资队伍建设

创新型师资队伍应该是由德才兼备，具有探索性、创造性和开拓性的创新型复合人才组成。目前工科院校创新型师资队伍建设存在的主要问题是：师资管理制度不完善或执行不到位；教师素质和水平参差不齐；师资队伍整体结构失衡。这些都不利于工科院校创新型师资队伍的建设。为了适应综合型、应用型和具有创新能力的人才培养需求，建设一支高素质和创新型的师资队伍是一个较为重要的任务。

目前机电类专业教师学历组成主要是硕士及博士，职称组成则包括初级职称（助教）、中级职称（讲师）、副高职称（副教授）以及高级职称（教授）。从人员组成上看，机电类专业理论教学环节相对比较丰足，师资队伍结构单一、缺乏工程应用背景和实践能力差是目前存在的主要问题。针对这一问题，学校一般采取引进优秀企业工程师、高级工程师进入实践教学环节，指导学生实践，并引入企业实例辅助实践教学；学校通过与本地优秀企业联合，对本校优秀教职工进行"双师型"培训，被培训人员需要参与企业设计与制造等过程，全程参与企业生产，了解生产，将理论教学与现场情况相结合解决现场实际问题。

这种培训模式使教师接触生产实际，在教学过程中会联系理论与现场实际，传授给学生准确判断和正确运用理论知识的基本方法，并引入企业相关实例，辅助学生理解并掌握理论知识。

　　总之，对于工科院校而言，需要把理论教学和实践教学有机结合起来，推动机电类专业人才培养模式的改进，以各种创新实践训练项目来推进大学生创新实践能力培养，激发学生的创新热情。

　　创新是一个国家进步的根本动力，是一个民族不断进步的源泉。面对日新月异的科学技术变革，面对日益强化的资源环境约束，面对以创新和技术升级为主要特征的激烈国际竞争，我国自主创新能力薄弱的问题已经日益成为发展的瓶颈。工科院校应该注重对学生的创新培养，营造良好氛围，创造有利条件，培养出更多的创新型人才。

第5章
工科专业创业发展情况研究分析

5.1 创业团队组建

5.1.1 何为创业团队

创业团队是为进行创业而形成的集体。它使各成员联合起来，在行为上形成彼此影响的交互作用、在心理上意识到其他成员的存在及彼此相互归属的感受和工作精神。这种集体不同于一般意义上的社会团体，它存在于企业之中，因创业的关系而联接起来却又超乎个人、领导和组织之外。团队成员在完成共同目标的工作中相互依赖，他们对创业团队和企业负责，在创业的初期（包括企业成立时和成立前）处于执行层的位置，并完成企业的主要执行工作。

不同的创业者在共同的创业愿景鼓舞下，形成了创业团队。搭建一支优秀的创业团队，对任何创业者而言，都是一项至关重要的工作，是保证创业团队沿着共同目标，求同存异，最后实现团队愿景的组织保证。图5-1所示为创业团队的组建原则。成功的创业团队存在很多共性，一般而言，主要有以下几点。

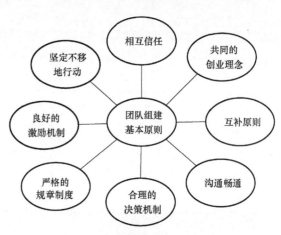

图 5-1 创业团队的组建原则

1. 相互信任

要建设一个具有凝聚力并且高效的创业团队，第一个且最为重要的步骤，就是建立相互信任。这不是任何类型的信任，而是坚实地以人性脆弱为基础的信任。

这意味着一个有凝聚力的、高效的团队成员必须学会自如地、迅速地、心平气和地承认自己的错误、弱点、失败和求助。他们还要乐于认可别人的长处，即使这些长处是自己所不具备的。

以人性脆弱为基础的信任，在实际行为中到底是什么样的？像团队成员之间彼此说出"我办砸了""我错了""我需要帮助""我很抱歉"和"你在这方面比我强"这样的话，就是明显的特征。以人性脆弱为基础的信任是不可或缺的。离开它，一个团队不能、或许也不应该产生草率的建设性冲突。

2. 共同的创业理念

这是一个强调创业理念的年代。创业理念决定着创业团队的性质、宗旨和创业的回报，并且关系到创业的目标和行为准则。这些准则指导着团队成员如何工作和如何取得成功。从某种意义上讲，创业理念甚至比机会、商业计划和融资等细节问题更为重要。共同的创业理念是组建团队的一个基本准则，创业团队成员需要拥有共同的价值观，把个人目标整合到组织目标中，增强团队的凝聚力。一个团队如果失去了凝聚力，就不可能完成组织赋予的任务，本身也就失去了存在的条件。

3. 互补原则

互补是指团队成员在思维方式、成员风格、专业技能和创业角色等方面的互补。团队成员之间可以有一定的交叉，但又要尽量避免过多的重叠。团队成员可能是某一方面的专家，但不可能样样精通，那就有必要利用其他团队成员或外部资源来弥补。

创业者之所以寻求团队合作，其目的就在于弥补创业目标与自身能力间的差距，尽可能地实现角色齐全。只有角色齐全，才能功能齐全。只有当团队成员相互间在知识、技能和经验等方面实现互补时，才有可能通过相互协作发挥出"1+1>2"的协同效应。

4. 沟通畅通

在信息社会里，信息与情感的有效沟通与传达成为必需。韦尔奇提出了"竞争、竞争、再竞争，沟通、沟通、再沟通"，意在表达顺畅的沟通是企业不断前进的命脉。李开复认为，一个人如果有思想，但是不能表达自己，他其实就是一个没有思想的人。成员之间的沟通，有利于对团队任务的理解，及时了解对方的进展情况，从而对自己的工作进行适当调整，以便更好地完成团队任务。在有效沟通的基础上，个体与团队之间才能维持相互信任，增强对团队的归属感。当出现不同的意见时，优秀的团队并不回避，而是进行充分的沟通和交流，最后形成一致意见。因为大家是基于共同的利益，而不是谋取个人利益，所以能够畅所欲言，坦诚相见。

5. 合理的决策机制

一头毛驴要吃草，毛驴左右两边各放一堆青草。岂料，毛驴犯了难，先吃哪一堆呢？毛驴在犹豫不决中饿死了。

要成为一个具有凝聚力的团队，团队的核心人物必须学会在没有完善的信息、没有统一的意见时做出决策。只要自己认为对的事情，不能像上面的那头驴子那样优柔寡断，必须付诸行动。正因为完善的信息和绝对的一致非常罕见，决策能力就成为一个团队最为关键的行为之一。

但如果一个团队不鼓励建设性的和没有戒备的冲突，就不可能学会决策。这是因为只有当团队成员彼此之间激烈地、不设防地争论，坦率地说出自己的想法，团队核心才可能有信心，做出充分集中集体智慧的决策。不能就不同意见而争论、交换未经过滤的坦率意见的团队，往往会发现自己总是在一遍遍地面对同样的问题。实际上，在外人看来机制不良、总是争论不休的团队，往往是能够做出和坚守艰难决策的团队。

6. 良好的激励机制

良好的激励机制是组建创业团队必须考虑的重要条件。美国心理学家马斯洛的需要层次理论认为人一共有五种需要。第一是生存需要；第二是安全需要；第三是社交需要；第四是尊重需要；第五是自我实现需要。这五种需要具体到企业环境中，就是需要企业的创业团成员之间学会共同分享成果，让每一个成员都能有"自我实现需要"的满足。

7. 严格的规章制度

顺畅地实施团队计划，挖掘团队各要素的最大潜力，是组建和管理团队的思考着力点。工作中不应该考虑太多朋友的情分，也许有时觉得这样会伤害感情，那么就在工作之后做朋友。如果在开始工作之前就约定好，并体现在书面上，大家就不会觉得难为情。没有规矩，不成方圆！

一个初创的企业，如果没有严格的规章制度作为运转保障，就会成为一盘散沙。最初创业时，就把该说的话说到，该立的字据一定要立好，把最基本的责、权和利说得明白透彻，不要碍于情面而不说。规章制度具有的明确性特点，有助于规范团队内部各成员的行为，使每个人都能恪尽职守，各司其职，并上升为完整的企业文化。这样在企业发展壮大后，才不会因利益和股权等的分配出现分歧，产生团队之间的矛盾，导致创业团队的分散。

8. 坚定不移地行动

有了决策，还需要严格地执行，执行力也是一种显著的生产力。在团队里，也许我们并不需要每个团队成员都异常聪明，因为过度聪明往往会导致自我意识膨胀，好大喜功。相反，却需要每个人都要具有强烈的责任心和事业心，对于团队制定的目标能够在理解、把握和吃透的基础上，坚定不移地贯彻执行下去，对于过程中的每一个运作细节和每一个项目流程都要落到实处。

5.1.2 创业团队的组建形式

从我国大学生创业团队的实际操作看，有多种不同的组建形式，它们各自具有不同的特征。下面结合案例对其进行具体分析。

1. 同学组合型

目前，在高校中的大学生创业团队，以同学组合型创业团队为最多，他们大多以大学生创业社团等学生群体性组织为主，主要参与大学生创新创业大赛和"挑战杯"等大学生校园赛事、电子商务、校园代理、开设实体店等创业形式。许多当前叱咤市场的创业明星，都有过与同学组合合伙创业的经历。例如1999年4月"清华大学第二届学生创业大赛"诞生了清华首批的学生创业团队，如视美乐、易得方舟、"网贝"小组的电子商务模型等；MySee的三位创始人，高燃和邓迪是清华大学新闻系的同学，邓迪和张鹤翔是大学时期创业合伙人；还有名声大噪的校内网（即人人网），它的创办人也是来自清华大学、天津大学的王兴、王慧文、赖斌强和唐阳。

同学组合型创业团队的优势是：团队成员都接受过高等教育，知识储备相对丰富，年龄小，思维活跃，较少受到习惯思维束缚，容易发现商机，敢想敢干，执行力强；搭配合理的创业团队，其成员专业、学科上的优势在创业项目的选择中，容易转化为创业过程中的技术优势，增强了团队的整体竞争力，减少了盈利模式复制的可能；团队成员经过选择，自由搭配，相互之间较为熟悉和信任，减少了团队磨合时间，降低了沟通和决策成本，能够缩短决策时间。

需要注意的是，同学组合型创业团队对于团队核心人物的要求比较高，他要正确地处理创业过程中的民主决策与"专制决策"的矛盾关系。团队合作讲究尊重个体，重视个人能动性的发挥，特别是创业团队成员都是自己同学的时候，大家都是大学生，接受同等层次的专业教育，每个人都感受到了自己的责任，渴望对项目的发展和决策提供意见，并得到采纳。这种开诚布公的意见采集过程，对于团队的整体发展是必要的，也在一定程度上考验着团队核心人物的领导能力。

不过，民主决策却有可能以牺牲效率作为代价。A·J·S公司副总裁普希尔定律认为，再好的决策也经不起拖延。创业路上波诡云涌，机会稍纵即逝。一个创业项目的启动和运行，很多时候需要快速决策。一个好的大学生创业团队，无疑是在同学之间充分讨论和迅速拍板的问题上，能够获得良好的统一。要么，是有一个团队成员作为核心人物掌握主导权，但是整个团队需要建立起良好的制衡协作机制；要么是没有成员绝对主导，但是团队机制具备了快速沟通决策的能力。

2. 师生合作型

2008年，第六届"挑战杯"中国大学生创业计划竞赛上传出喜讯，来自江苏技术师范学院的翔宇循环大学生创业团队凭借其完成的《江苏翔宇资源循环科技有限公司创业计划书》（现已更名为常州翔宇资源再生科技有限公司）获得风险投资公司6000万元投资，创下此次"挑战杯"创业计划大赛单笔最高投资签约纪录。该创业团队是依托该校副校长、中国有色金属工业协会再生金属分会副会长和全国贵金属深加工及其应用专业委员会主任周全法教授的国家科技支撑计划项目"废旧机电产品和塑胶资源综合利用关键技术与装备开发——废线路板全组分高值化清洁利用关键技术与示范"，提出利用该校在电子废物处理处置方面的科技优势，组建了常州翔宇资源再生科技有限公司，公司目标之一是建设以电子废弃物为原料，提取金、银和铜等年处理量为10000t电子废线路板的示范生产线。

这一案例是师生合作型创业团队的典型。事实上，校园内的大学生创业、创新团队，很多都活跃着指导教师的身影。参与导师或指导教师作为创业创新团队的主要成员，出想法、出思路、把握大方向；由经过挑选的学生组成实践团队，负责实现创业目标的各项具体工作。

师生合作型的创业团队的优势显而易见。参与创业的指导教师往往是某一领域的权威或专家，拥有一定的人脉资源和社会公信力，对外吸引资金和投资相对容易，同时由于教师的社会形象相对正面，对创业团队也起到了宣传带动的作用，有利于公司的长远发展；有些导师既有研究课题，又参与创业项目，如果把创业项目和研究室整合在一起，产学研相结合，优势很明显。参与课题的学生做论文，做出来的创新成果可以用到创业产品和服务上，形成科技学术成果转化为生产力的良好模式；有利于节省教育资源，产学研结合，创业的成果可以给在校师生提供研究角度和研究工具，提高他们的学术能力和水平。

师生合作型的创业团队，相对容易得到社会各方面的关注和支持，它在发展过程中可能少走许多弯路。例如媒体报道的江南大学年轻副教授吴祐昕，利用所处无锡太湖新城科教产业园区提供的优惠创业政策，带领着一批思维活跃、专业多元的大学生注册了一家由大学师生创立的公司——无锡数字城市科技发展有限公司。该公司以科研为定位，以产学研相结合为手段，通过将所采集的建筑物、企事业单位、路口标识等详细资料以技术方式还原到网络中，构建一幅无锡城市全景三维图，虚拟的无锡城在互联网上拔地而起，拥有多达2万余幢建筑，大量的现实生活与商业信息，其精细程度令人赞叹，甚至连一家小小的花店、一个馄饨店都被明确标出，真正实现了网民不出家门即可身临其境地"逛遍"全城。"虚拟无锡"网站浏览量最多时一天达到48万人次，涵盖商家企业信息量已达到6万条，目前已开始盈利。

大量的校园创业实践表明，参与创业的老师更多地处于掌舵的位置，把握创业方向，事实上承担了咨询者的角色，由学生负责具体的创业运营。参与创业项目太细，管得太多，可能不是很理想。例如同济大学有一个项目在"挑战杯"拿了二等奖，这个项目实际上是一个硕士研究生做的，他当过研究生学生会副主席，能力也很强，但最后这个项目被他的导师卖给一个制药集团，他就没得做了，因为这个产品的专利主要是属于他的导师的。

因此，如何处理好创业学生同教师的关系，成为这一类型创业团队需要慎重思考的问题。如果处理不当，可能会影响到创业企业的生存。

3. 爱情搭档型

校园是滋生爱情的温床，校园里的爱情总是伴随着快乐和忧伤。当爱情的圣火被创业的火种点燃，当男孩子的理性务实与女孩子的细致感性，通过爱情与创业的媒介结合起来，激发出的力量就十分可观。

近年来，处于恋爱阶段的大学生情侣创业呈现增长趋势，情侣创业成为大学生校园创业的一道亮丽风景，为激烈的创业过程平添了几笔温情色彩。大学生情侣们大多以网络或实体店的形式，参与相关的创业项目，如花店、餐馆、服装店、内衣店和饰品店等。有的大学生情侣，还勇敢地走出校园，深入到农村基层，参与更为广阔领域的创业活动，并取得了不错的收益，引起了社会各界的广泛关注。例如被新华社报道的福建师范大学2007届毕业生黄燕超和他的女朋友，就毅然回到了家乡，办起了专门针对农村生产资料供销的农机经营部，生意做得红红火火。

由于这种类型的创业团队成员是情侣关系，目标更加一致，沟通协调不存在障碍，在项目选择、经营决策和危机公关等重要创业环节中，可以有效地减少中间环节，提高管理效率，实现理念传达，达成步调一致。特别是在关键决策中，可以减少顾忌，直言了当，有助于相互启发，减少失误。由于双方对对方都比较了解，在项目的经营管理中，可以有效地发挥各自专长，合理分工，相互补充。

当然，以爱情为纽带的情侣创业也面临着一些比较现实的问题，最突出的就是容易将感情混淆进事业之中。创业的现实一点也不浪漫，生意上的折磨往往不易逃脱，难免有人会将工作中不如意的情绪带进爱情之中。此外，情侣创业还面临着管理不透明等诸多疑虑，特别是因为情侣创业有可能使双方由双薪收入转为单薪收入。如果资金调度失灵，或者创业失败，不但增加双方的生活压力，严重的话更有可能造成情侣失和，在创业失败的打击中"好心分手"。

如何正确处理情侣搭档型创业团队的双方关系？首先理解沟通是基础，如果双方沟通渠道不畅、技巧欠缺，则生活与事业的互相干扰及发生冲突的可能性将大增。如此一来，不仅对事业发展大为不利，更可能因此破坏了爱情基础。其次，合理的分工与合作是关键，创业之初，双方应先确认创业过程中各自的角色与职责，以免影响事业的发展。如恋爱双方能分工互补参与经营，应是较适合的创业理念。

4. 兴趣组合型

兴趣组合型创业团队的创业目标较为集中，团队成员相对忠诚，凝聚力较强；团队成员更加重视创业过程对于个人兴趣的满足，对创业结果要求相对次要；为获得实现目标带来的愉悦感，团队成员的创业积极性更高，会千方百计调整和具备创业必需的各方面条件，从而提高了创业成功率；团队成员由于彼此间的了解和默契，可以大大减少和降低道德风险，解决很多新创企业头疼的人与人之间的"信用"问题。此外，兴趣组合型创业团队，还有助于高效率的决策、较高质量的决策、较高的承诺度、对决策内容较为了解、较能接受决策的流程，降低了沟通交流成本，减少了情绪性冲突。

兴趣组合型的创业团队进行创业活动，本身就是实现自己的理想和愿望的过程，是全面提高个人能力的过程。在这种心态下，创业团队实际上更加注重创业过程，而创业成功与否，则退而求其次，过程远比结果重要得多。正如雅虎创始人杨致远所说，如果只是为了成功和金钱创业，能接受失败吗？不能。怎样才能接受失败？是因为能坚持，对所做事情的热爱，一种固执的"笨"。在创业中，过程始终比终点更重要。真正给人带来意义和满足感的是过程，许多人都搞反了。

当然，同其他类型的创业团队一样，单纯由兴趣组合而成的创业团队，也有其不足。特别是在日益复杂多变的商业环境下，以兴趣相投为纽带的同质化组合标准，与团队组建要求的人力资源互补理念相悖。创业的成功在很大程度上取决于团队成员之间的优势互补，基于专业、职业经验等优势互补的考虑所产生的组织成员多元化趋势，对创业成功的影响越来越大。因此，在组建这种类型的创业团队时，创业者需要谨慎理性，切忌感情用事。

研究发现，组建创业团队时，对于相同志趣的追求应集中于团队成员的社会属性（如年龄、性别和种族等）、价值观和个人品格等先天因素方面，而对成员多元化的追求则集中于工作经历、教育背景和人力资源的角色定位等后天因素方面。如何改善创业团队存在着的同质化问题呢？以下建议可以供参考：一是建立一种善于沟通、协调的学习型组织氛围和文化，团队成员可以通过"边干边学"的方式来弥补相互间的能力欠缺。二是根据团队的实际情况，通过招募形式，吸收职能互补性强的成员加盟，补齐创业团队的"短板"。

5.1.3 创业团队的组建

创业团队的组建是一个动态过程，它应遵循"按需组建，渐进磨合"的要求逐步实现相对稳定。参照国内高校大学生成功创业团队的组建经验，概括来讲，大致的组建程序如图5-2所示。

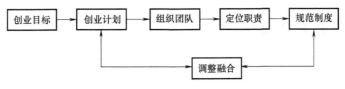

图 5-2 创业团队组建程序

1. 明确创业目标

创业团队目标的确立，建立在审慎的市场分析之上。这个目标要有挑战性，可以激发未来团队成员的斗志和兴趣。总目标确定之后，为了推动团队最终实现创业目标，再将总目标加以分解，设定若干可行的、阶段性的子目标。

2. 制订创业计划

在确定了一个个阶段性子目标以及总目标之后，紧接着就要研究如何实现这些目标，这就需要制订周密的创业计划。创业计划是在对创业目标进行具体分解的基础上，以团队为整体来考虑的计划，创业计划确定了在不同的创业阶段需要完成的阶段性任务，通过逐步实现这些阶段性目标来最终实现创业目标。

3. 选择成员，组织团队

选择团队成员是组建创业团队的关键一步。优秀的创业团队成员各有各的长处，相得益彰。主要应考虑两个方面问题：一是考虑互补性，即考虑其能否与其他成员在能力或技术上形成互补。一般而言，一支创业团队需要具备一个具有创新意识的人、一个具有策划能力的人和一个具有执行能力的人，规模宜控制在 3~12 人之间最佳。需要注意的是，在一个创业团队中，不能出现两个核心成员位置重复的可能性。也就是说，应着力避免有两位成员的主要能力完全一样。

4. 明确职责和角色定位

团队成员间职责的划分必须明确。既要避免职责的重叠和交叉，也要避免无人承担造成工作上的疏漏。创业团队在创业行动和市场中的定位也必须明确，要立足市场，结合实际，遵循经营管理规律和市场规律。当然，团队成员的职责和角色定位可以根据创业环境的改变和创业需要，进行动态化地调整。

5. 构建团队规范制度

无规矩不成方圆，这种规范主要是指科学的绩效考核机制，包括激励和约束机制。激励机制主要包括利益分配方案、考核标准和团队文化的建立等；约束机制主要包括纪律条例、组织条例、财务条例和保密条例等。通过建立完善的绩效考核机制，并形成制度化和规范化，以充分调动成员的积极性，维护团队的相对稳定。

6. 团队的调整融合

我们常说，希望保持创业团队的稳定。但这种稳定并不是指一成不变，而是一种"动态的稳定"。随着团队的运作，团队组建时在人员匹配、职权划分和规范制度等方面的不合理之处会逐渐暴露出来，这时就需要对团队进行调整融合。由于问题的暴露需要一个过程，因此团队调整融合也应是一个动态持续渐进的过程。团队的建设不是一步到位的，在进行团队调整融合的过程中，最为重要的是要保证团队成员间经常进行有效的沟通与反馈，培养强化团队精神，提升团队士气。

5.2 创业项目背景研究

5.2.1 创业项目的选择

创业项目的准备，要求创业者选择一个既适合自己又符合市场需求的好项目。有些人可能会认为创业项目的发现是一种偶然，创业者因机缘巧合发现了全新的商机，进而筹集资金实施创业活动。事实上，这种偶然出现的情况并非创业机会的常态，即使存在偶然出现的创业机会，也往往会因为创业者没有做好准备，无法实施有针对性的创业方案，使创业活动匆匆上马，从而导致创业活动夭折的可能性大大提高。

盲目创业是目前创业的"通病"，对行业缺乏深度审视，对市场缺乏调查了解。其实，创业需要理智与激情。一个创业项目的选择，需经过缜密鉴别和充分的分析。选择项目也是在选择自己，要有自知之明，不要盲目跟风。好项目并不是被挖掘干净、被人抢先了，成功的创业者应有一双鹰般敏锐的眼睛，根据知识积累、强项等发现项目中的闪光点。

1. 要对项目理解通透

每一个项目都由很多要素组成。创业前要对项目进行分解：它的核心技术是什么？辅助技术是什么？工艺条件和原料是什么，从哪里来？原料的价格是多少？市场前景如何？都要一一研究，杜绝盲目创业。

2. 超前的销售意识和完善的服务

发现人们在日常生活中需要的东西，但是目前不存在；或者改进现有产品，使之更加适合市场需求。如果选择跟风创业，在同样的竞争条件下，销售意识和服务模式将会成为制胜的关键。

3. 避免恶性竞争

80%的经营失败都由于在创业之初步步跟风，在竞争激烈的市场中，陷入了恶性竞争的泥沼而无法自拔。

4. 发掘别人无法发现的商机

越是热门的行业，竞争对手越强大。如果没有创新思维，就找不到新的市场机会与生存空间。

5. 慎选商圈

商圈是创业成功之母，错误的商圈几乎确定了创业失败的命运。跟风项目创业之初，很容易扎堆进入同一项目的商圈中。如此一来，将承受的压力是可以想象的。

企业家创业盲目跟风，缺少的是发展空间。做第一个吃螃蟹的人固然很难，但只要下功夫调查研究，从热门项目中独辟蹊径，成功会稳步而来。

5.2.2　创业项目的诞生

很多人认为，创业项目是做前无古人、后无来者的产品，是做没人开发过、别人没见过的产品，是明天接触的产品。其实不然，一个有创意的优秀项目的诞生，需要经历以下四个步骤。

1. 洞察需求

成功的创业者在设立创业项目时，必须细心洞察消费者的需求，必须细心观察市场流通产品与现实生活之间存在的矛盾，根据矛盾设立创业项目。所以创业项目来源于社会需求的矛盾，是社会消费者一个需求的集合。需求是交易的基础，有需求，交易才能发生。

2. 解决矛盾

创业项目最终要解决市场需求的矛盾，考虑创立的产品有哪些优点和缺点，随着市场的变化，应怎么改良，创业者应想明白：我的项目解决了市场需求的什么问题，解决了市场与现有产品之间的哪些矛盾。

3. 两个竞争

人的需求概况为两个层面，即物质层面的需求和精神层面的需求。因此，我们设立的创业项目必须提升物质层面和精神层面的竞争力。物质层面的竞争力是指产品的性能、产品包装和产品价格；精神层面的竞争力是指产品给消费者的心理感受、产品的服务和产品的附加值。

4. 暗示消费

确立了创业项目之后，要把产品的两个层面提炼出来，通过渠道，把它传播出去，让消费者还没有看见产品之前，就对产品有一个精神上的追求，暗示消费者进行潜在的消费。

一个好的项目是创业成功的一半。那么对于大学生来说，创业项目的来源有哪些呢？

（1）在教师的带领下，提炼本学科的科研项目　大学生在大学里学习都是走专业化路线，担任教学重任的教师在本专业又有丰富的经验，这就使得大学生具有不同于其他群体的知识水平。大学生发挥自己的智慧，在教师指导下设立科研项目，将成为大学生创业的新途径。这样，不仅能调动学生开展专业知识学习的主动性和积极性，同时还能激发大学生的科研兴趣，提高创新实践能力。为此，学校和教师要有计划、有步骤地把学生的科研项目介绍给企业投资方，把项目转化为生产力。

（2）对现有的市场流通产品进行改良，提炼出创业项目　在我们的生活中，每天都接触到很多产品。通过你的观察，你认为此产品有哪些优点，存在什么缺点？同时结合你的专业知识，你认为应该怎样改良，此产品才会更加完美？这些都是创业的思路。在此基础上，对现有的市场流通产品进行改良，并提炼出创业项目，这也是创业项目的来源之一。

（3）在自己的生活中提炼创业项目　大学生创业创新灵感多数来源于生活，是与日常生活观察和体验对接的结果。只要是符合市场需求的、能够解决市场需求矛盾的项目就是好项目，并不非得是那些前无古人后无来者的项目才是好项目。大学生在创业过程中，只要找好落脚点，找准方向，再加上正确的方法，做好各方面的准备，就不愁找不到合适的项目。

5.3　创业机会研究

新经济时代，世界经济巨变，我们一定要具备创新思维，能够随时应对外界的巨变，要善于从旧模式中寻求突破或变化，这才是我们创业的成功之道。

创业的机会不是天上掉下的馅饼，机会需要寻找，机会需要发现，机会需要创造。

《世界名言博引辞典》里收录了这样的一段对话：

"你是谁？"

"我是征服一切的机会。"

"你为什么踮着脚？"

"我时刻在奔跑。"

"你脚下好像长着双翼？"

"我在乘风而行。"

"你的前额为什么长着头发？"

"好让幸运者把我抓牢。"

"你的后脑勺为什么光秃秃的？"

"为了不让错失良机者从背后把我抓住。"

5.3.1　什么是机会

机会是人们在社会活动中遇到的、能促进事业发展的客观现象，是人们取得成功的关键因素。在现实生活中，存在着各种各样的机会，如商机和战机等。创业机会就是诸多机会中的一种。所以，我们应从机会的概念入手，来识别创业机会。

什么是机会？简单地说，就是促进事物发展的客观契机。通常，人们把在日常生活和工作中潜在的、不易发现的有利条件称为机会；或把从困境走向成功过程中偶然遇到的转折点，称为机会；也把在各项社会活动中突然出现的，并起带动作用的新情况、新形势称为机会。

可见，机会是指客观事物在其运动变化过程中形成的、为人们的事业顺利发展所需要的有利时机。它包含了这样三层意思：第一，机会是一个时间概念，往往表现为有利于事业发展的一个短暂阶段，被称为时机。第二，机会是客观存在的或在运动中形成的，是不以人的主观意志为转移的，有其自身发展的规律性。第三，机会符合人们的某种需要，能给人的处境带来新的转机，从而使人的事业得到超常规的发展。

创业机会作为一种特殊的机会，有其特定的含义。它是指人们在创业过程中遇到的、各种有利于创业活动开展和获得成功的良好时机。

识别机会的目的在于探索机会的活动规律，从而成功地把握机会。事物的特征是其内在规律性的反映，抓住了机会的特征，也就掌握了它的活动规律。根据我们对机会概念的分析，可以看出，机会具有如下四个特征。

1. 隐蔽性

我们的生活充满机会，机会每天都在撞击着我们的大门。可惜的是，大多数人都意识不到机会的存在，总是与机会失之交臂。为什么会这样呢？这是因为机会具有隐蔽性的特征。

机会是一种无形的事物。人们只能凭感觉意识它的存在，而无法用视觉看到它。它总是隐藏在社会现象背后，其真相往往被掩盖着，人们通常很难找到它的踪影。正如法国文学大师巴尔扎克所说："机会总是披着面纱，难以让人看到她的真面目。"

2. 偶然性

意外的事件，偶然的发现，常常会给人带来意想不到的成功，这就是机会的偶然性特征。所谓偶然性，是指人们事先无法预见、没有料想到的、不定时的和意外发生的现象。这种偶然性在人们的生活中是经常出现的。

机会在大多数情况下是偶然造成的。尽管它普遍地存在于人们身边的事物中，但人们并不容易捕捉到它。人们越刻意地寻找机会，就越是难见机会的踪影。而当你在毫无精神准备的时候，它却突然出现在你的面前。

当然，机会虽是偶然现象，但却是客观事物内在必然性的表现。如果人们没有平时知识的积累、辛勤持久的探索，即使机会来了，也不过是一种偶然现象而已。在人的一生中，总会碰到各式各样的偶然机会，认识到机会的偶然性，注意留心，把握偶然，千千万万个机会就在前面等着你。

3. 易逝性

机会最显著的特征是易逝性。中国有句成语叫作"机不可失，时不再来"，就是对机会的易逝性最好的说明。

机会的易逝性表现如下：

其一，稍纵即逝。机会大多是偶然之间闪现的，偶然的东西生命力是短促的，必须紧抓不放，否则瞬间便消失。

其二，一去不返。机会是一个非常态、不确定的时间表现形式，时间如流水，一去不回头。机会也是这样，虽然天天都可能会有机会出现，但同样的机会是不会重新再来一次了。虽然机会很多，但真正能抓住的机会则如凤毛麟角。大量抓不住的机会便轻易流逝了。此外，由于机会往往是社会所共有的，人们都在寻找机会，先下手者为强，在激烈的竞争中，只要你稍一迟疑，机会就会被别人抢走。

4. 时代性

机会总的来讲是与时代联系在一起的，具有鲜明的时代特征。孔子说："天下行道则见，无道则隐""邦有道，则仕；邦无道，则可卷而怀之"。这就是说，在有机会的好时代、好国家，知识分子应出世建功立业，而碰上没有机会的时代，最好隐居起来等待时机。可见，机会是有时代性的。

时代是机会的土壤，好的时代能培育出大量的机会，为人们的成功提供条件；而差的时代则像碱性土，荒芜生机，几乎没有成功的机会和可能。

5.3.2 机会对创业的意义

著名作家柳青在他的小说《创业史》中说过："人生的道路虽然漫长，但紧要处却只有几步。"这紧要的几步说的就是机会。机会能够创造人生，改变命运，对于创业具有更为重要的意义。

1. 机会是创业的动力，它把创业者推上社会的舞台

创业本身是一项风险性很大的社会活动，并不是人人都对它充满渴望。生活在顺境之中的人，轻易不愿冒着失去现有优越生活条件的风险，而去为未知的命运创业。而处于逆境的人，也希望有一天会时来运转，不到万不得已，不肯主动接受命运的挑战。毕竟创业的风险太大，它要以失去工作和现有的生存条件为代价。人们之所以产生创业的念头并付诸行动，往往都是在一次偶然机会的促动下，这次机会给他展现了光明的前景，使他看到了未来的美好和成功的希望，这才使他产生了创业的冲动，并满怀希望地走上创业的征途，最终成为生活中的强者。

2. 机会是创业的路标，它为创业者指明前进的方向

一般来说，创业者创业之初，总是选择适合自己或自己感兴趣、所熟悉的行业作为事业发展的方向，因为这对创业者来说成功的把握会更大一些。然而，机会与环境一样，你只能适应它和利用它，而不能让它适应你，更不能由你根据自己的意愿去改变它、创造它。

3. 机会是创业的关键，它使创业者走向成功

机会往往是人生的转折点，是新的生活的开始。抓住了机会，距离成功也就不再遥远。当然，肯定机会的作用，并不意味着对个人努力的否定。机会只是事业成功的催化剂，真正起决定作用的，还在于创业者的才能与努力。

5.3.3 发现身边的机会

彼得·德鲁克认为创业是企业家对社会的认知和采取的行动，不仅仅是在有蓝图的情况下发生，也会作为对企业家如何看待未曾使用、未曾开发的机会的一种回应而产生。机会永远是在行动中被创造出来的，要付出更多的行动，才能抓住机会。

发现商机的能力是靠长期以来的工作经历和社会阅历积累获得的，需要的是时间和人际

交往的沉淀，不断地总结经验和学习，一步步形成独立思考、分析和解决问题的能力，从而形成在社会上能独立打拼的全面综合素质。这种创业者一旦发现机会，就立即行动。洛克菲勒说："瞄准的时间越长，击中的机会就越渺茫。"漫长的准备，会让良机与你失之交臂。

发现创业机会不是一件容易的事情，但也不是遥不可及的。创业者可以在日常生活中有意识地加强实践，培养和提高这种能力。

1. 要有良好的市场调研习惯

发现创业机会的最根本一点，就是深入市场进行调研。要了解市场供求状况和变化的趋势，顾客的需求是否得到满足，还要了解竞争对手的长处与不足。

2. 要多看、多听和多想

我们常说见多识广，识多路广。我们每个人的知识、经验和思维，以及对市场的了解不可能面面俱到。多看、多听和多想，能使我们广泛地获取信息，及时从别人的知识、经验和想法中汲取有益的东西，从而增强发现机会的可能性和概率。

3. 要有独特的思维

机会往往是被少数人抓住的。我们要克服从众心理和传统的习惯思维的束缚，敢于相信自己，有独立见解，不人云亦云，不为别人的评头论足和闲言碎语所左右，才能发现和抓住被别人忽视或遗忘的机会。

正常情况下，商机无论大小，从经济意义上讲，一定是能由此产生利润的机会。旧的商机消失后，新的商机又会出现。商机转化为财富，必定满足五个"合适"：合适的产品或服务，合适的客户，合适的价格，合适的时间和地点，合适的渠道。你身边随时都有可能利用的以下商机：

（1）**商品短缺** 一切有用而短缺的东西都可以是商机，如高技术和知识等。

（2）**时间就是商机** 这种市场需求表现为时间短缺，如快递和延缓生命结束的激素药品等。

（3）**低价格优势** 在需求上满足后，能用更低成本满足时，低价替代物的出现也是商机，如国货或国产软件。

（4）**便捷和时尚就是商机** 花钱买方便、买品味和买潮流永远是不过时的话题，也是利润所在。

（5）**满足生活基本需求** 吃、穿、住和行等方面的基本需求，虽然这些领域已经被开发得比较完善，但只要有人的地方，就有这种商机，并且永远可以挖掘新商机。

（6）**重新定义价值就是商机** 一旦司空见惯的东西出现了新用途，定会身价大增。例如普通食材经研究有抗癌功效，立刻就会身价倍增。

（7）**关联性商机** 由需求的互补性、继承性和选择性，可以看到地区间、行业间和商品间的关联商机情况。

（8）**增值商机** 发源于某一独立价值链上的纵向商机，如电信繁荣、IT 需求旺盛和 IT 厂商赢利，众多配套商增加，增值服务商出现等。

（9）**文化与习惯性商机** 由生活方式决定的一些商机，如各种节日用品、生活与某些活动的道具和怀旧商品等。

（10）**突发性商机** 由重大的突发危机事件引起的商机，如口罩和消毒药水等。

5.3.4　创业机会的来源

1.　问题

创业的根本目的是满足顾客需求，而顾客需求在没有满足前就是问题。寻找商业机会的一个重要途径，是善于去发现和体会自己和他人在需求方面的问题或生活中的难处。例如，上海有一位大学毕业生发现，远在郊区的本校师生往返市区交通十分不便，便创办了一家客运公司；双职工家庭，没有时间照顾小孩，于是有了家庭托儿所；没有时间买菜，就产生了送菜公司等。这些都是把问题转化为创业机会的成功案例。

2.　变化

市场发生变化的地方，通常都蕴涵着大量的机会。改变不仅仅是指市场环境的变化，意识以及观念方面的改变，往往给市场带来更加显著的机会。人们透过这些改变，会形成新的思路，找到创业的方向。著名管理大师德鲁克将创业者定义为那些能"寻找变化，并积极反应，把它当作机会充分利用起来的人"。一般来说，市场的改变主要有以下几类：

（1）人们生活水平的提高以及消费观念的转变，使市场上出现了新需求　创业者可以及时捕捉这些信息，迅速出击，去满足这些新的需求。在二十几年前，中国人普遍还没有养成每天喝牛奶的习惯。一方面，中国人还没有意识到乳制品中丰富的营养成分，以及对身体成长的重要意义；另一方面，人们的生活水平尚未达到一定的消费层次。随着经济的不断发展，以及人们生活水平的提高，各种媒体开始采取多种方式，展开乳制品消费宣传，普及饮奶知识，培养乳制品消费习惯，扩大消费群体，挖掘乳制品消费。在这一大趋势下，许多商家纷纷看好乳制品行业的发展，争相加入这一市场。以"蒙牛"和"伊利"品牌为代表的乳制品龙头企业正是在这一市场变化中捷足先登成功的企业。

（2）居民收入水平的变化会带来新的创业机会　例如，居民收入水平提高，私人轿车的拥有量将不断增加，并由此派生出汽车的销售、修理、配件、清洁、装潢、美容、二手车交易、陪驾和代驾等诸多创业机会。

（3）全球趋势的变化带来的创业机会　这里的趋势有大有小。大的趋势，如全球某行业的发展态势，包括高新科技和金融行业近几年风头正劲，而房地产行业则有所滑坡。小的趋势，则更多地与人们的日常生活相联系，如越来越多的家庭开始使用平板电视，且更倾向于选择液晶屏幕等。正是这些趋势的变化，预示着新一轮竞争就要展开，创业者的机会即将来临。

3.　竞争

竞争成就机会。如果你能弥补竞争对手的缺陷，那你就有创业的机会。看看周围的公司，你能提供更快、更可靠和更便宜的产品或服务给顾客吗？你能做得更好吗？若能，你也许就找到了机会。

4.　新知识和新技术的产生

新知识和新技术的产生，也会带来许多市场机会。即使你不研发新的产品，你也能找到一个创造性的方法，来销售或推广新的发明。也许你就是第一个将发明引入社会的人。现代新技术正日新月异地发展，阅读那些你感兴趣的技术杂志，再想一下如何从技术新进步中创业。例如，当人类基因图谱获得完全解决后，可以预期其必然在生物科技与医疗服务等领域，带来极多的新事业机会。

5.3.5　创业机会的评估

创业机会，是指一个创意可以在市场环境中行得通。这个创意要提供的产品或服务，不但能给消费者带来实际的好处和用处——他们肯买，而且他们付的价钱可以使你获得利润。

创业研究的权威蒂蒙斯教授提出，好的商业机会具有以下四个特征：

1）它很能吸引顾客。

2）它在你的商业环境中行得通。

3）它必须在机会之窗存在的期间被实施。机会之窗，是指商业想法推广到市场上去所花的时间。如果竞争者已经有了同样的思想，并已把产品推向市场，那么机会之窗也就关闭了。

4）你必须有资源（人、财、物、信息和时间）和技能才能创立业务。

5.4　团队及核心成员的创业基础能力

5.4.1　确定目标和实现目标所必需的活动

创业团队首先需要了解目标，并确定实现目标所必需的活动。可以通过回答如下两个问题来确定实现组织（企业）目标需要开展哪些活动：为了达到企业的目标，必须在什么领域有出色的表现？什么领域的表现不佳，将会影响企业的成绩，甚至影响企业的存在？这些问题的问答，可以帮助确定对实现创业团队的目标贡献最大的关键性活动。例如，美国国际商用机器（IBM）公司在电子计算机发展的早期，认为产品销售和市场营销是企业的关键活动，为此配备了规模庞大的销售服务队伍；进入20世纪80年代后，面对计算机行业市场环境的日益复杂多变，产品开发尤其是软件开发就愈为重要，为此，IBM公司在加强对研究开发投入的同时，也密切了销售部门与开发部门之间的联系。企业关键活动领域的确定，将决定这一企业是单纯生产型企业，还是经营型企业，或是科工贸一体化企业。

对创业团队而言，对其生存发展影响重大的关键性活动，应该成为组织设计工作关注的焦点。其他的各种次要活动，应该围绕主要的关键活动来配置，以达到次要活动服从、服务和配合主要活动，确保企业使命目标的实现，从而确保组织的发展。

5.4.2　分工与分组

1. 建立适当的分工体系

初创企业往往因为规模较小，在最初时候分工模糊，有了问题时大家齐上阵，通力合作，这个问题解决后，又有了新任务，大家又一起上解决掉。但这就形成了一个问题，分工的不明确会导致个人定位的模糊，个人定位模糊进而导致个体角色认知陷入迷茫状态。团队失败的一个重要原因，并非因为害怕、恐惧和不信任他人，而是因为成员对自己在其中所担任的角色感到十分的迷茫：他的具体任务是什么？是否有权处理认为需要做的事情？

在创业团队的组织设计中，必须有一个适当的分工。刚开始时，通常需要借助于沟通、来实现各自的良好定位，并在实际工作中加以不断地调整、适应变化。而当创业企业发展到正规化阶段以后，就需要通过工作分析与工作设计来确定整体的分工与协调。

2. 分组

分组指的是组织单位的划分和组合。就是要考虑企业中哪些活动应该合并在一起，哪些活动应该分开。

分组主要有以下两个原则：

（1）贡献相似原则　它是指贡献相同或相似的活动应该归并在一起，由一个单位或部门来承担。例如，鼓励销售和市场营销活动可以合并在一个单位内，库存控制和采购职能，以及质量检验和质量管理工作，都可以结合在一起。

（2）关系相近原则　它是指在部门分合时，应该考虑尽可能地使一项活动，与其他活动的联系距离保持最短。例如，企业中的各项计划工作，通常是归并在计划部门中进行的，但其中的生产计划工作却可能例外，它不是归在计划部门中，而是归入到制造部门。它使生产的计划同生产的组织和控制活动距离更近些，将生产计划置于接近制造现场处，有利于减少不必要的跨系统联系。

不论按照什么原则，进行活动的分组都可以采取两种方法。一种是从小而大的组合法。它是先将实现企业目标所必需的活动分为各项工作，然后将若干工作项目归类，形成各种工作岗位或职位，再按一定的方式，将某些工作岗位或职位组合成相对独立的部门，并根据管理幅度的要求设置各个管理层次。另一种是由大而小的划分法，即先确定管理的各个层次，再确定每个层次上应设置哪些部门，然后将每个部门所承担的工作任务分解为各个职位的工作。以上两种方法在创业团队的分组过程中通常是结合起来使用的。

管理幅度是影响组织内部各单位规模大小的重要决定因素。在一个单位内，究竟能将多少相近或相关的工作职位或职务组合在一起，主要取决于该单位主管人员的有效管理幅度。一个人受其注意力范围的限制，能直接有效管理下属的数量总是有限的。这就是把管理幅度作为组织设计的一条基本原则的缘由。

在一定规模的情况下，管理幅度大小与管理层次数目多少成反比。管理幅度增大，管理层次数就可减少；反之，管理层次数目就增多。

在组织中作业人员数量一定的情况下，管理幅度越窄，组织层次的设置就越多，导致组织表现为高而瘦的结构特征，因此这种组织被称为高耸型组织；反之，管理幅度越宽，组织层次就越少，导致组织表现为扁平型组织。管理幅度的改变将对组织形态和组织活动产生显著的影响。在高耸型组织中，窄幅度的监督控制可能使管理更为严密。但由于管理层次多，不仅加长了信息的传递渠道，影响信息传递的速度和组织活动的效率，而且还使管理人员配备数量增多，从而造成管理费用上升。相比之下，宽幅度的监督控制可以克服窄幅度管理的缺陷，但却会降低管理效能，使管理者对下属不能进行密切监督和有效控制。

虽然扁平型组织结构现在非常流行，但是在条件不具备的情况下，随意扩大管理幅度将造成管理失控。创业团队在进行设计时，要注意有效的管理幅度是随主管人员的能力、下属人员的素质、工作的性质和条件，以及外部环境等因素而改变的。例如，下属人员的素质和自主协调控制能力高，可以促进管理幅度的扩大。完善对工作过程和工作成果的标准化，可减少主管人员直接监督下属的需要，从而有利于拓宽管理幅度。另外，工作地点相近，工作职能相同或相似，工作任务简单、少变且与其他工作关联性小，这些情况都允许管理人员保持较宽的管理幅度。管理人员自身的能力强，配备助手及先进的信息联络手段，或者主管人员从事决策与计划工作，以及非管理性工作的时间和精力消耗较少，那么其有效的管理幅度范围也可相应增大。这些说明有效管理幅度既是受限制的，又是可以改变的，这取决于影响管理幅度的各种权变因素作用和变化。

5.4.3 配备人员，确定每个职务的职责与权限

1. 配备人员的原则

（1）因人设岗与因事设岗相结合　工作和人员相匹配，职位和能力相适应，也即"人与事相结合"，这是组织设计和人员配备工作中必须考虑的一个重要原则。只有做到这一点，才能确保所配备的人员切实地承担起为该职位或职务所规定的工作任务。为此，在职务设计时，必须保持工作适当的广度和深度，以便满足人的内在需要和发挥人的潜在能力；同时，配备人员时必须考虑其现有或经过培训后可能具备的素质和能力，是否适合所设定职务的要求，以使人员得到最为妥当的配置。

（2）职责与职权对等　必须设法使职务和职责权限保持一致。换句话说，分派某人去承担某项工作，必须明确赋予他完成该工作任务的职责，同时相应地授予他履行该项职务的职权。而决策任务分析是确定各管理层次、各管理部门职责和职权的重要依据。其基本要求是决策权限应该下放到尽可能低的组织层次，并尽可能使其接近于活动现场，同时应注意使所有受到影响的活动和目标都得到充分考虑。这一要求的前一方面讲的是做出一项决策的权限，应该下放到什么层次；后一方面则是讲决策权限可能放到哪个层次，以及需要向哪些人通报这些决策。将这两个方面结合起来，就可以明确某项决策权安排在什么位置上最为合理，由此确定组织的集权与分权体制。

2. 集权与分权的设计

集权与分权反映组织的纵向职权关系，是指组织中决策权限的集中与分散程度。所谓分权，就是在组织中将决策的权限分配给中下层组织单位的一种倾向。

组织中没有绝对的集权与分权存在。如果组织生产经营活动的所有决策权限都集中在企业最高领导人手中，这样的组织无疑是高度集权的，但这样做会使最高领导负担过重，其他管理职位难以发挥作用；如果高层管理者将他们的职权全部下放，完全由下属做出各种决策，这样的组织无疑是高度分权的，但这样做会使他们自己作为管理人员的必要性不复存在，相应的职位就可以取消。因而集权和分权作为两种倾向，它们所体现的只是权力分散程度上的差别，而不是两种截然相反的极端。实际中的组织都是处于一定程度的集权与分权状态之中。

一个组织的分权化程度宜高还是宜低，并没有绝对的结论。分权程度低，也即集权程度高，主要好处是利于从整个组织目标出发处理问题，避免局部利益行为；可使组织的有限资源得到更有效的利用，并有助于确保组织政策和行动的一致性，提高组织的控制力。过分集权的主要弊端是，可能降低决策的质量和速度，影响组织的应变能力，并容易挫伤低层人员的积极性和主动性，同时高层管理者也难以集中精力处理重大问题。分权程度提高，虽然可以克服集权的弊端，但相应地也丧失了集权的好处。因此，集权和分权的程度应该多大，企业需根据具体情况来确定。例如，组织规模大、地理分布广和经营领域宽的企业，宜实行分权化管理。经营环境稳定，生产技术连续性强，以及主要以内部发展方式成长起来的企业，则倾向于采取集权化的管理方式。

对创业团队而言，要擅长授权。这与一般意义上的群体决策是有区别的。一般意义上的

群体决策是群体中所有成员共同参与决策，这样难免陷于"木桶原理"的误区。"木桶原理"告诉我们，一只木桶的装水量由其最短的一块木板决定，即群体决策水平会被群体中水平最低的成员所限制。而创业团队则是属于异质型的群体，每个人都有所擅长，也有所不擅长，如果每个问题的解决都需要通过全体团队成员的协商通过，甚至用一种少数服从多数的方式通过，难免影响到最终的决策质量。因而，在创业团队中，可以采用团队决策模式，即将问题的解决交给最具有解决这个问题能力的几个成员。

第 **6** 章

机电产品的研究与分析

6.1 机电行业的发展现状

机电行业已经成为我国经济发展的支柱，它作为社会经济和技术高度发展的产物，是衡量我国对外贸易和国际影响力的一个重要标志。机电行业的快速发展和技术的不断进步，使得我国机电行业在国际上的竞争力不断地提升。有数据显示，我国机电产品的对外出口正在逐年增加，出口总额在不断提升，我国已经成长为机电产品的出口大国之一。

6.1.1 机电行业发展中存在的问题

我国机电行业在发展过程中仍然存在以下三个方面的问题。

1. 行业的关联度低

我国的机电行业市场比较集中，产品结构比较单一，使得机电产品的发展存在很大的风险性，容易受到外界的影响和波动。从长远的发展角度而言，单一的市场和结构都不利于行业的发展和创新，久而久之，它会导致机电行业国际竞争力的降低。

2. 自主创新能力不足

我国机电行业以大中型企业为研发主体，但这些企业对于自主创新和产品的研发重视度不够，资金的投入不够，使得行业发展缺少资金保障和创新基础。

3. 人才匮乏

受发展时间限制，我国机电行业在人才的培养和利用上还存在着很大的问题，人才缺乏会直接限制行业的发展。人才对于机电行业产业的发展起着决定性的作用。在发展的过程中，机电行业各个方面都需要人才的参与，人才是保障行业持续和稳定发展的基本因素。

6.1.2 机电产品的发展趋势

随着我国科技水平的快速发展和进步，机电产品朝着智能化、标准化、模块化、数字化、网络化、微型化、绿色化和系统化的方向发展。

1. 智能化

所谓智能化，就是需要机电产品具备独立的思考能力、决策能力以及判断能力。机电技术的特点之一是操作的自动化。随着科技水平的不断提升，智能化开始逐渐融入机电技术中，逐渐实现高效和精确的生产活动。在今后的发展中，产品生产、设计以及研发等诸多过程中必将融入更多的人工智能元素，产品操作功能必将逐渐实现与人的思维相协调。例如，目前已经实现的数控机床人机对话功能设置，借助于智能接口，配以工艺数据库的设置，能够让人们的操作和机械维护更加简单。现代人工智能新技术的创新和快速发展，必将为智能化的机械电子技术发展带来更加扎实的技术支撑，从而提升其智能化程度，如图 6-1 所示。

图 6-1　数控机床智能化的需求

智能化是 21 世纪机电一体化技术的一个重要发展方向。机电市场分析研究报告指出，人工智能在机电一体化建设的研究日益得到重视，机器人与数控机床的智能化就是重要应用。这里所说的"智能化"是对机器行为的描述，是在控制理论的基础上，吸收人工智能、运筹学、计算机科学、模糊数学、心理学、生理学和混沌动力学等新思想和方法，模拟人类智能，使它具有判断推理、逻辑思维和自主决策等能力，以求得到更高的控制目标。诚然，使机电产品具有与人完全相同的智能是不可能的，也是不必要的。但是，高性能和高速的微处理器使机电产品具有低级智能或人的部分智能，则是完全可能而有必要的。

例如我国企业开发的模具智能工厂（图 6-2），全面呈现模具智能工厂全要素解决方案，示范未来工厂整体模式，涵盖从自动化和智能化加工单元到自动化生产线，从物流到信息流，从先进制造装备到智能软件等多元的自动化集成解决方案。

图 6-2　华中数控模具智能工厂亮相上海国际机床展

> 模具制造智能工厂紧扣"中国制造 2025"的主攻方向，建成后可实现高速高精国产数控系统、金属加工和电火花加工设备及机器人协同工作，在业内率先实现模具制造的智能化。

2. 标准化

在目前机电产品技术创新过程中，标准化是其不可或缺的重要组成部分之一。随着标准化工作的日益进步和发展，必将在一定程度上提升我国机电行业的科技创新水平，必将衍生出更多的新型装置和设备。而且，标准化还能够使机械产品的安全性能得到很大程度提升，在不断降低安全事故发生率的同时，还能够在很大程度上提高科技创新水平。

标准化小常识

为适应科学发展和组织生产的需要，在产品质量、品种规格和零部件通用等方面规定统一的技术标准，称为标准化。

标准主要有国际（ISO）、国家（GB 或 GB/T）两种形式。《中华人民共和国标准化法》将标准划分为国家标准、行业标准、地方标准和企业标准四种类型。

《中华人民共和国标准化法》已由中华人民共和国第七届全国人民代表大会常务委员会第五次会议于 1988 年 12 月 29 日通过，自 1989 年 4 月 1 日起施行。

2017 年 11 月 4 日，第十二届全国人民代表大会常务委员会第三十次会议修订，自 2018 年 1 月 1 日起施行。

中华人民共和国计量法
中华人民共和国标准化法

3. 模块化

模块化是一项重要而艰巨的工程。由于机电产品种类和生产厂家繁多，研制和开发具有标准机械、电气、动力和环境接口的机电产品单元是一项十分复杂和重要的工作，如研制集减速、智能调速和电动机于一体的动力单元，具有视觉、图像处理、识别和测距等功能的控制单元，以及各种能完成典型操作的机械装置。这样，可利用标准单元迅速开发出新产品，同时也可以扩大生产规模。这就需要制定各项标准，保证设计的接口可以实现各部件和单元相匹配。显然，从电气产品的标准化和系列化带来的好处可以肯定，无论是生产标准机电一体化单元的企业，还是生产机电产品的企业，模块化将给机电一体化企业带来美好的前程。图 6-3 所示为"蛟龙号"载人潜水器，就是由载人耐压舱、生命保障系统、导航通信系统、机械手和压载铁等模块构成。

图 6-3 "蛟龙号"载人潜水器

4. 数字化

机电产品的数字化，主要依赖于微控制器技术的进步和发展。近年来，计算机网络技术的快速发展与进步，促使机电产品数字化设计与制造水平得到大幅度的提升。数字化形态的机械电子技术产品人机界面将会更加人性化，相关操作流程和维护方法更加简单和便捷，数字化技术还能够让远程操作和控制的实现得到有效推动。

5. 网络化

通过分析机电市场发现，20 世纪 90 年代计算机技术的突出成就是网络技术。网络技术的兴起和飞速发展给科学技术、工业生产、政治、军事、教育和日常生活都带来了巨大的变革。各种网络将全球经济和生产连成一片，企业间的竞争也趋于全球化。机电新产品一旦研制出来，只要其功能独到，质量可靠，很快就会畅销全球。

近年来，网络的日益普及促进了以网络为基础的监视技术和远程控制技术的快速发展。远程控制的终端设备本身就是机电产品，现场总线和局域网技术使家用电器网络化已成大势，利用家庭网络将各种家用电器连接成以计算机为中心的计算机集成家电系统，可以使人们在家里分享各种高技术带来的便利与快乐。

在机电技术中运用互联网技术，能够使多个终端连接，以解决因距离太远而难以实现的信息传输问题。此外，机电产品同样也包括了远程控制技术的终端设备。例如，借助于局域网技术以及现场总线，能够实现家用电器网络化，促使以计算机为核心的家用电器系统得以实现。

6. 微型化

微型机电一体化产品是机械技术与电子技术在纳米尺度上相融合的产物，是将传统尺度的机电一体化产品进行缩小的结果，通常是指几何尺寸不超过 $1cm^3$ 的机电产品。但它绝不是将尺寸按比例缩小制造产品，微型化产品的制造与传统机械制造有较大的差异，它被广泛应用在医学、军事、航空、航天等领域。在医疗过程中所使用的微创技术，就是运用微型机电一体化技术的结果；在军事上，"苍蝇"大小的能够自主飞行的间谍窃听器，也同样是微型机电一体化产品；在航天事业上，由于太空舱体积较小，而又需要容纳多种试验设备和探测设备，都不同程度地使用了微型机电一体化产品。

7. 绿色化

发达的工业给人们生活带来了巨大变化。一方面，物质丰富，生活舒适；另一方面，资源减少，生态环境受到严重污染。于是，人们呼吁保护环境资源，回归自然。绿色产品概念在这种呼声下应运而生，绿色化是时代的趋势。绿色产品在其设计、制造、使用和销毁的全寿命周期中，符合特定的环境保护和人类健康的要求，对生态环境无害或危害极少，资源利用率极高。机电产品的绿色化主要是指使用时不污染生态环境，报废后能回收利用。设计绿色的机电产品，具有远大的发展前途。

8. 系统化

系统化的表现特征之一就是系统体系结构进一步采用开放式和模式化的总线结构。系统可以灵活组态，进行任意剪裁和组合，同时寻求实现多子系统协调控制和综合管理。表现特征之二是通信功能的大大加强，一般除 RS232 外，还有 RS485 和 DCS 人格化。未来的机电一体化更加注重产品与人的关系。机电一体化的人格化有两层含义：一层是机电产品的最终使用对象是人，如何赋予机电产品人的智能、情感和人性显得越来越重要，特别是对家用机器人，其高层境界就是人机一体化；另一层是模仿生物机理（即仿生学），研制各种机电一体化产品。事实上，许多机电一体化产品都是受动物的启发研制出来的。

6.2 机电产品技术创新分析

6.2.1 机电产品技术创新概述

技术创新是一项重要的企业经济活动。技术创新按照创新对象不同，可分为产品创新和过程创新两种类型。这里所研究的产品技术创新是产品创新的一种。技术创新具有创造性、累积性、效益性、扩散性和风险性等特点。技术创新最基本的特征是创造性。

第一，技术创新是科技经济一体化活动，它加速了技术在实际生产中的应用速度，提高其应用的效率与效益。技术创新是将科学技术用于劳动力再生产的重要途径。

第二，技术创新是将新产品、新技术和新工艺投放到市场的过程。整个过程从产品技术的新设想开始，经过技术的研究与开发（或引进新的技术），通过试验和产品试验阶段，最后大规模地生产，投放市场。

第三，技术创新的成果主要以实体出现。它表现为技术装置或工具等实体物质产品，但同时也有工艺和方法等软技术的知识形态产品。

第四，技术创新以技术为基础，创新为导向，科学原理为依据，创建可行性技术模型，从而创造出新产品和新工艺；即使不是直接发现或发明新的产品，也是利用现有的技术设备，对已有产品或技术工艺进行改造和重组；或者将成熟的技术理论应用于新的领域，这也是技术创新。

第五，企业家是技术创新的灵魂。企业家看准市场潜在的盈利机遇，重组生产条件和生产要素，从而建立效能强、效率高和生产费用低的新生产经营系统。

第六，技术创新以产品商业化为主要目的，以成功实现商业价值为标志。即使技术复杂，但无法成功实现其商业价值，就不是技术创新；即使技术简单，但是为人们所接受，创造了大量的商业价值，就是成功的技术创新。

综上所述，技术创新就是新的技术在生产领域的成功应用，并产生相当的商业价值，包括现有技术的重组或完成新的生产能力活动。

6.2.2 机电产品技术创新现状及存在的问题

1. 机电产品技术创新现状

制造业是国民经济的基础和支柱产业，也是国家经济实力和竞争力的重要标志。作为制造业核心领域，中国的机电行业近年来逐浪而行，以技术创新这一环节为代表，引领着这场深刻的行业"质变"。2017 年 11 月 2～4 日，"2017 中国机电交易博览会"在杭州和平国际会展中心举行。近千商家亮相展会，现场展示国内外机电行业先进设备、技术和解决方案。机电产品创新重点围绕"智能、科技、绿色和创新"的产业发展思路，全面拓展制造业发展新空间，推动制造业的战略转型，探索行业发展方式与机遇。据了解，在 2016 年，中国机电产品出口 7.98 万亿元人民币，占国内出口商品总值的 57.7％。机电产业的升级与转型，成了以智能制造为主导的新一轮产业升级的制高点。以创新为核心的"技术立业"由此成为中国机电行业谋求发展的新思路。其中，领先于全球的浙大的深海水体保压取样技术堪称典型。2017 年 5 月 25 日，"蛟龙号"载人潜水器（图 6-4）在马里亚纳海沟成功回收在深海6300m 处布放一年的 Gas-tight 采水器（气密性保压序列采水器），"大海捞针"故事成为现实。上至天，下至海，机电行业的技术创新无处不在。从致力于减轻劳动者工作量到破解全球性难题，机电创新带来的改变由此发生"质变"。

近年来，在需求拉动与市场竞争的动力作用下，我国各地机电产品技术创新的积极性在不断提高，很多机电企业设有自己的研究与开发机构，专门从事机电产品的研究与技术创新。机电产品技术创新在完善自身技术的同时，又不断促进各地区的经济增长。各地政府机关非常重视机电产品技术的创新

图 6-4 "蛟龙号"载人潜水器

研究，一些地区制定了扶持政策，以加强当地机电产品技术创新的发展。但是，机电产品技术创新发展过程依然存在诸多困难，包括政策环境影响、本地区经济和社会环境影响，以及企业内部的技术环境差异影响。

有调查显示，大多数机电企业产品技术创新的主要动力是市场需求，产品技术创新的主要目标是开拓市场。机电企业的规模越大，采用的技术越先进。大型机电企业主要采用的是国际先进技术，中小型企业在进行产品技术创新时多采用的是国内先进技术或省内先进技术。

2. 机电产品技术创新存在的问题

第一，技术创新效率低。一般规模较大的机电企业，企业内部有专门的研发机构，且研发体制完善，具有较强研发能力与过硬专业技术的人员容易被吸引，从而带来更多的技术创新研究。而小型企业，虽然发展迅速，但是企业的规模小，导致产品技术创新一次性融资量少，引进的先进技术有限，自主研发能力较低，多使用的是传统技术，产品科技含量低。

第二，技术创新产品数量少。我国中小型机电制造企业数量较多，大多数企业是劳动密集型产业，产品技术水平落后，研发能力较弱。受企业自身条件限制，高学历员工占员工总数比例很低，影响产品技术的创新能力，导致创新产品数量较少。

第三，技术创新竞争力低，以工艺创新为主。机电产品技术创新是企业在生产和经营产品过程中，对其生产的产品进行改造、提高或者发明的活动。很多企业的机电产品技术创新多属于工艺创新和渐进性创新，只是提高了劳动生产率，并不能提高企业竞争力。

6.2.3 机电产品技术创新流程模式

随着科技的发展，在不同的社会经济条件下，机电制造企业从不同的途径进行产品技术创新。每一种实施途径都有各自的模式。

1. 技术推动流程模式

技术推动模式分为两种，一种是小企业的产品技术推动模式，另一种是大企业的产品技术推动模式。

（1）小企业的产品技术推动模式　如图 6-5 所示，这种模式的特点就是将产品技术创新看作是由科学技术发明推动的，市场是产品技术创新成果的接受者，揭示了中小企业家在其中的主导作用。

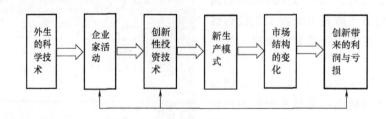

图 6-5　小企业的产品技术推动模式

（2）大企业技术推动模式　这种模式与小企业技术推动模式的区别在于：它将科技发明看作是一种外生力量，强调大企业在产品技术创新中的主导作用。

2. 需求推动流程模式

如图 6-6 所示，人们发现产品技术创新的重要动力是市场需求，即产品技术的创新受到市场的拉动。

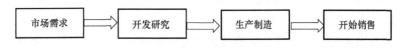

图 6-6　需求推动流程模式

3. 技术与市场联动流程模式

大量的产品技术创新研究成果表明，科学技术与市场之间存在着相互融合的过程，这两者都是推动产品技术创新的动力。在这一模式中，科学技术与市场之间的动力作用是辩证统一的，产品技术创新的主体与参与者之间相互作用，相互促进。

4. 一体化流程模式

在 1980 年以后，随着科学技术商品化周期的逐渐缩短，产品技术创新的各个环节相互衔接越来越紧密。在确定产品技术创新的来源时比较困难，无法确定是源于市场需求还是科技发明，如果强制区分，是不现实的。产品技术的创新过程，不同功能互相融合，以时间为主线，即实现产品技术创新，具有同时性，并行作业，各个功能充分发挥，达到最高水平，从而走向一体化。

5. 网络流程模式

在 1990 年以后，产品技术创新不仅在内部每个功能单元之间相互联合，形成一体化，内部一体化与外部组织也相互联系，同类创新企业之间形成紧密的战略合作伙伴关系。不同组织之间功能相互交叉，相互重叠，从而构成网络关系，这就是产品技术创新的网络模式。这种模式的辅助开发手段是专家系统，利用信息技术有效地实现产品的技术创新。

6.2.4　机电产品技术创新影响因素分析

1. 机电产品技术创新外部影响因素

任何技术创新都不是在真空中发生的，而是在一个特定的制度化结构体系和相应的社会环境中进行的。技术创新动机是企业创新内在要求在外界环境刺激之下激发的，这种外在环境因素所产生的技术创新动力可以归结为三个因素的影响：经济因素、市场环境因素和政策法制因素。

（1）经济因素　随着经济全球化的推进，尤其在"一带一路"合作倡议下，机电产品市场由国内市场发展逐步转向国内外市场共同发展，这为我国的机电产品技术创新提供了更好的宏观经济市场环境。

首先，随着我国的经济体制由计划经济向市场经济转变，市场经济能够充分发挥机电制造业的活力，机电产品质量与产量有了很大的进步，使企业更加贴近市场，主动适应市场变化。

其次，经济体制的转变，使现代机电制造业的分工更为精细，专业化程度提升，各企业间相互联系，相互依赖，共同发展，促进和谐的经济环境形成。

最后，我国正处于优化经济结构的关键点，融资环境与金融环境的改善有利于为机电产品技术创新提供更大的发挥空间。

（2）**市场环境因素** 市场是一种实施费用低和效率高的激励制度。市场对企业技术创新的动力激励，是通过市场体系要素、市场竞争与市场结构三组变量进行的。

1）**市场体系要素**。一个完整的市场体系包括生产要素市场与产品市场，二者以不同的方式对技术创新产生影响。

从生产要素市场来看，企业通过生产要素市场取得资金、生产资料、劳动力与技术，组织生产。生产要素市场供求关系的变化会引起要素价格的变动，对产品的生产和成本发生影响，从而影响企业利润。改进生产技术、实施技术创新、从外延扩大再生产转变为以新技术成果运用为标志的内涵扩大再生产，就成为企业降低成本的一种有效的选择。

从产品市场来看，企业经济利益的实现有赖于其产品和服务通过市场满足社会需求的程度，产品市场上存在的社会需求就成为拉动技术创新的重要力量。需求拉动企业技术创新，主要有几种情形：

① 出现新的产品需求，现有技术手段不足以满足这种需求，需求拉动产品创新。

② 需求对现有产品质量提出更高要求，现有技术手段不能满足这种要求，需求拉动改变产品质量的过程创新。

③ 现有需求规模扩大，原有技术手段不能满足需求的增长，需求拉动提高生产率的过程创新。

2）**市场机制**。竞争是市场经济的基本范畴，企业需要的生产要素要通过竞争从市场上取得，企业生产的产品要在竞争的市场上实现，企业的经济利益要在激烈的竞争中去争取。市场中的激烈竞争将会给企业带来两种结局，要么生存发展，要么淘汰死亡。在竞争的外在压力下，企业必然会努力改善机制，增强实力。竞争对企业产生的紧迫感和压力感会把企业的积极性和创造性激发出来，刺激企业技术创新的动机和行为。从这个意义上说，竞争是市场机制激励技术创新行为的最重要的因素。为了保证竞争有效激发技术创新行为、引导技术创新正常运行的重要作用得以发挥，必须强调适宜强度和规范性竞争。一方面，只有强度适宜才能有效地推动技术创新，强度过弱不足以激发创新行为，而强度过烈，又势必降低企业的合理经济收益，削弱企业创新投入能力。而且竞争强度过大会导致企业间展开激烈的价格战和广告战，削弱企业盈利能力，使企业无力创新。另一方面，在不正当和不公平竞争条件下，企业总是倾向于利用自身的特权和等级优势，采取不规范的手段取得市场垄断和优势，谋取超额经济利益，而不是从事艰苦的技术创新活动，这既可能直接侵害创新性企业的利益，也可能挤占创新性企业的市场空间，间接影响创新性企业的发展，使多数企业对创新性活动难以形成较高的收益预期。因此，必须增加对不正当竞争行为的惩罚力度，保证竞争行为的规范有序，以增强企业创新动力。

3）**市场结构**。哪种市场结构最有利于刺激创新是创新经济学的一个研究重点。有经济学在研究技术创新与市场结构关系时，曾提出过最有利于技术创新的市场结构类型。他们把市场竞争程度、企业规模和垄断强度三个因素综合于市场结构之中来考察，发现最有利于技术创新活动开展的是垄断竞争型的市场结构。他们认为在完全竞争市场条件下，企业规模一般较小，缺少足以保障技术创新的持久收益所需的推动力量，难以筹集技术创新所需的资金和物资条件，同时也难以开拓技术创新所需的广阔市场，因此难以引发较大的技术创新动机。在垄断条件下，由于缺乏竞争对手的威胁，难以激发出企业重大创新的活力。而介于垄断和完全竞争之间的垄断竞争市场结构，既避免了上述两种极端市场结构的缺陷，又兼有二者的优点，因而是最能推动企业技术创新的市场结构。虽然这一观点经常受到不少学者的质疑，但却表明了市场结构与技术创新动力之间的紧密联系。

（3）政策法制因素　市场对推动企业技术创新具有基础性作用，然而市场不是万能的，市场本身并不能保证造就一个最有利于创新的市场结构，也不能自我创造有利于创新的外部环境。在这种情况下，市场对技术创新的配置和激励作用是有限的，要加快技术创新的进程，除了依靠市场的作用外，还需要借助政府行为促进市场体系的发育，更好地发挥政府的宏观调控职能，加强政策面的导向和支持。

政府对企业技术创新的激励政策包括：财政刺激、公共采购、风险投资、中小企业政策、专利政策和放松政府管制的政策等。

1）财政刺激政策。往往以税收优惠或研究开发投入的形式，对企业的创新行为进行支持，提高企业进行技术创新的积极性。

2）公共采购政策。通过提供一个稳定可靠的公共消费市场，减少技术创新过程中市场方面的风险和不确定性。

3）风险投资政策。它主要为项目的研究和开发提供充裕的资金支持，建立金融资本与产业资本之间分担技术创新过程中的不确定性机制。

4）中小企业政策。它主要通过鼓励中小企业发展，在大企业与中小企业之间建立起一种分担技术创新过程中不确定性的良性机制。风险资本政策和中小企业政策在技术创新过程中的作用是综合性的。两者在技术创新过程中的作用主要是通过提供基于市场经济的风险分担机制，来减少或者消除技术创新过程中的不确定性。

5）专利政策。通过排他性产权的确立来保护发明者的利益，以保证发明者为其发明活动获得一定数量的回报来刺激研发行为，增加科学技术成果的供应量。

6）放松政府管制政策。通过减少或简化政府干预，减少技术创新过程中与制度环境有关的不确定性。

尽管各项政策安排对企业技术创新动力激励的侧重点有所不同，但彼此之间相辅相成和互相促进，构成了一个激励企业技术创新的政府政策体系。

2. 企业内部环境影响因素

（1）竞争力因素　从产品技术创新与贸易优势的关系来看，技术创新对竞争优势有着明显的加强效应。机电产品技术的成功创新，有利于机电制造企业在市场竞争中获取竞争优势，同时强大的市场竞争力又推动着机电制造企业进行更深入的产品技术创新研究。机电制造企业短时期的市场竞争力表现为产品的价格和性能；机电产品技术的创新属于风险性投资，仅以产品价格与性能来衡量是不科学的，所以长远意义的机电制造企业市场竞争力体现为产品技术的创新能力。

有研究对机电制造企业竞争力与产品技术创新能力进行了一致性分析，分析结果表明机电制造企业的市场竞争力与产品技术创新能力增长的趋势高度一致，二者之间存在很强的相关性。提升机电制造企业的市场竞争力，使得产品技术创新能力得到稳步提高的同时，机电产品结构升级，并为企业带来了丰厚的回报。竞争力的局部优势决定机电产品的技术创新需要集中进行资源投入，而利用机电制造企业资源优势，进行资源高效配置，有利于机电产品技术创新，从而提高企业市场竞争力。一个机电制造企业提高自身竞争力，就必须具有核心技术，产品技术创新是机电制造企业市场竞争力的重心。

有调查结果显示，机电制造企业竞争力指数提高40%，研究与开发投入就会增加1%左右，产品技术创新能力会有明显的增强。相反，机电产品技术的创新也为竞争力提高带来了动力。高新科技结合经济形成的产品技术创新观念是机电制造企业提高竞争力的前提。以市场为导向，以增加利润为目的，以产品技术创新为途径，形成有效的创新激励机制，提高机电制造企业竞争力。

（2）产品质量因素　当产品质量存在差异时，高质量的产品市场需求量大，竞争力强。低质量产品市场竞争力弱，市场需求下降。这说明市场需求增加，会促使机电产品企业技术创新，从而提高产品的质量。在市场竞争中，厂商如何利用高质量的产品取得市场价格或销量的优势，从而获取高额利润，逐渐将低质量的产品驱逐出市场。这一指标说明了社会市场因素与产品间竞争力对技术创新的影响。

（3）企业技术环境因素　很多优秀的技术人员会选择收入高、办公环境好、重视技术创新的机电产品制造单位。重点单位可以提供培训或进修的机会也比一般单位要多，优秀的技术人员之间相互学习和竞争，更有利于专业技能的提升；这些单位受到政府财政扶持更大，产品技术研究环境与设备也更加完善，这些都使得这类企业的产品技术创新能力越来越强。

产品技术能力是产品技术创新能力的基础。两者之间相互联系，互为动力，具有内部逻辑关系，共同促进产品技术能力的提高。产品技术能力的发展过程是学习的过程，产品技术能力的发展过程是创新研究的过程。企业培育产品技术能力的重点是培养吸收能力与创新能力，这取决于以下四个方面：产品的研发能力、企业投入产品技术研发的资金、企业产品技术创新小组的培训以及科技人员吸收技术知识的强烈愿望。

6.3　促进机电产品技术创新的策略

1. 提高机电产品的竞争力与产品质量

达尔文说过，物竞天择，适者生存。全国每年注册的机电制造企业，很多都在市场竞争中或者倒闭，或者被兼并，或者转让，生存下来的很少。市场竞争的表面是同一类型产品质量的竞争，但归根结底是产品技术水平高低的竞争。一家机电制造企业，如果只是照搬套用其他企业的产品技术，只能在市场竞争中处于劣势地位，甚至被淘汰。因此，每个机电制造企业都应建立完善的市场竞争体制，以促进自身的市场竞争力。

机电产品的技术创新活动是在特定的品牌文化基础上进行的，丰富的品牌文化对机电产品技术创新研究起着导向、激励和凝聚作用。因此，在提高产品竞争力的同时，机电制造企业也应该建立健康的产品技术创新环境，营造丰富的品牌文化氛围，使研究人员在轻松的环境下进行研究，并得到企业的支持与肯定，从而形成机电产品技术创新研究的动力之源。

> **mi 小米** 2017年第4季度，小米手机销量排名上升到世界第四！在市场整体下滑6.3%情况下，小米手机销量排名获得了惊人的96.9%。该企业领导人强调："2018年继续死磕技术创新和品质！"并确立了三大核心工作：创新、质量和交付。

创新，坚持核心技术突破，继续探索"黑科技"；质量，一定要在质量上超过友商；交付，一定要系统解决经常性缺货问题。

2. 建立完善的服务系统

由于机电制造业在我国处于工业的主导地位，所以在政策和市场环境条件方面，应当加大对机电产品技术创新的支持。

首先，政府机关应当推出促进机电产品技术创新的政策，营造一个公平合理的社会环境，加大对机电产品技术创新的支持力度。根据经济发展需要，制定机电产品技术创新研究的战略方针和战略措施，完善财政与税收政策，加强政府补贴和税收优惠等政策优惠的力度，设立专门管理机电产品技术创新的政府或社会机构，建立完善的机电产品技术创新管理体制。

其次，完善的机电产品技术创新的法律保障。法律是保护与规范机电产品技术创新研究成果的重要保证。机电产品技术创新研究转化为创新成果、独立的知识产权和公平公正的竞争环境，都需要法律的支持与保护。建立完善的机电产品技术创新法律体系，对于保护产品技术创新有着重要作用。如制定或者颁布有关机电产品技术创新的促进、奖励和知识产权等方面的相关法律，为机电产品技术创新提供法律保护与法律规范，营造良好的机电产品技术创新的法律氛围。

最后，不是所有机电制造企业都拥有完善的研究与开发机构和科技人员培训机构。建立完善的机电产品技术创新社会服务体系，可以调动全体社会的力量，充分发挥社会资源的作用。应该围绕更有利促进机电产品技术创新研究，完善社会化服务，规范中介服务机构，规范现有的产品技术经营机构与产品技术创新研究中心。然后通过各种政府优惠政策，建立信息化社会网络，为机电产品技术创新研究提供更有价值的信息服务，给予创新研究指导等，提高机电产品技术的竞争力。

3. 拓展机电产品创新的融资渠道

衡量机电产品技术创新的指标之一是机电企业的研究与开发费用占总支出的比例。研究与开发费用比例为1%的企业效益较差，难以在竞争激烈的社会经济条件下生存。而比例占2%的企业可以勉强维持，5%以上的企业在机电制造业中具有较强的竞争力。所以机电制造企业应扩展融资渠道，创新融资体系。

第一，从市场融资、政府融资和企业融资三个角度，建立完善的机电产品技术创新研究的金融体系。设立专门为机电产品技术创新服务的政策型金融机构，或者在市场金融机构内部建立专门窗口办理机电产品技术创新融资业务，从而完善机电产品技术创新研究的金融服务。

第二，企业内部要加大研发产品技术的投入，每年都应有一部分资金支出用于研究经费。建立自主的研究与开发机构，对国内外先进的产品技术和社会需求进行分析，以便能够及时把握最新的市场信息与技术信息。机电产品技术创新本身是一种高成本、高回报和高风险的经济活动。企业增强自主研发技术的过程中，必须保证资金充足。要保证创新经费要充裕，这就需要企业内部资金、市场金融机构和政府资金三方面的共同支持。

普华永道（PWC）旗下管理的咨询机构思略特（Strategy&）发布《2017年全球创新1000强企业研究报告》（The 2017 Global Innovation 1000 Study），报告选取了上一财年（截至2017年6月30日）全球研发支出最高的1000家上市公司，其中中国企业上榜125家，有6家中国企业入围榜单前100。表6-1所列是研发投入排名居前的20家中国企业名单。

表 6-1　研发投入排名居前的 20 家中国企业名单

序号	排名	公司	行业	研发投入	公司营收	研发比重
1	56	阿里巴巴集团	软件和服务	25 亿美元	230 亿美元	10.6%
2	75	中兴通讯	科技硬件和电子	18 亿美元	146 亿美元	12.6%
3	81	腾讯控股	软件和服务	17 亿美元	219 亿美元	7.8%
4	87	中国石油	能源	16 亿美元	2329 亿美元	0.7%
5	94	中国建筑	生产资料	15 亿美元	1382 亿美元	1.1%
6	99	百度	软件和服务	15 亿美元	102 亿美元	14.4%
7	108	中国中车	生产资料	14 亿美元	331 亿美元	4.2%
8	111	中国铁建	生产资料	14 亿美元	906 亿美元	1.5%
9	112	上汽集团	汽车和零件	14 亿美元	1076 亿美元	1.3%
10	123	中国交建	生产资料	11 亿美元	622 亿美元	1.8%
11	126	携程	零售	11 亿美元	28 亿美元	40%
12	160	中国电建	生产资料	9 亿美元	344 亿美元	2.6%
13	164	中国中冶	生产资料	9 亿美元	316 亿美元	2.8%
14	165	美的集团	消费品和家电	9 亿美元	229 亿美元	3.8%
15	169	中国石化	能源	9 亿美元	2781 亿美元	0.3%
16	187	京东	零售	8 亿美元	375 亿美元	2.1%
17	205	比亚迪	汽车和零件	7 亿美元	149 亿美元	4.6%
18	218	TCL	消费品和家电	6 亿美元	153 亿美元	4.0%
19	226	京东方科技集团	科技硬件和电子	6 亿美元	99 亿美元	6.0%
20	240	上海建工集团	生产资料	6 亿美元	192 亿美元	2.9%

　　第三，加强本企业的监督管理，建立良好的企业信誉度。市场经济体制是信用经济体制，信誉度是维护企业进行市场交易运行的基石。加强自身的建设，建立完善的机电产品技术创新管理制度，能够反映资信情况。企业融资离不开"信用"，机电制造企业应尽力维护自身信用，培育企业与员工的信用意识，建立完整的信用信息平台，从而实现企业自身的监管。最后，提高机电制造企业的融资能力，进行产品技术的创新，就是促进机电制造业的科技研发功能，提高企业的市场竞争力。

　　第四，拓宽融资渠道。风险投资资金具有较强的资本和高风险的承受能力，一旦风险投资对某机电产品的创新技术达成投资意向，便能为企业带来丰厚的回报。省级或者国家级技术创新基金的政策融资，是政府扶持和引导机电企业产品技术创新的主要途径。企业积极申请，获得创新基金，这样就可以享受很多优惠政策。知识产权担保的融资渠道是一种新兴融资渠道，知识产权是机电企业产品技术创新的核心资本。企业在成长后期可凭借经营收入、资金流等符合商业银行贷款要求的条件，将产品技术的知识产权作为抵押，获取融资。其他融资渠道还有技术交易时的市场融资和租借设备等渠道，机电制造企业应有效地整合内外资金条件，获得多方面的资金支持，保障产品技术创新研究的顺利进行，创新产品，从而提高企业在行业中的地位，形成良性循环。

第7章　创新创业项目的培育和孵化

7.1　概述

随着高等教育的大众化，大学毕业生人数逐年递增，就业压力不断加大，就业问题日趋严峻。2015 年李克强总理在政府工作报告中提出了"大众创业，万众创新"。推动大众创业和万众创新，既可以扩大就业和增加居民收入，又有利于促进社会纵向流动和公平正义。创新是一个民族的灵魂，是一个国家兴旺发达的不竭动力。创新和创业作为 21 世纪高等教育的主题，时代赋予了它积极的社会意义，不但对大学生个人的成长和发展有着积极的指导意义，而且能有力地促进我国教育事业的良性发展。

7.1.1　创业的理解

1. 什么是创业？

创业是指创业主体整合创业团队和筹备创业所需资源，在一定的创业环境中识别并把握创业机会，通过创建新的商业运营模式为客户提供产品和服务，创造新组织或开展新业务的价值创造过程。杰夫里所著的创业教育领域经典教科书《创业创造》（New Venture Creation）将创业定义为：创业是一种思考和推理结合运气的行为方式，它以运气带来的机会来驱动，需要在方法上全盘考虑并拥有和谐的领导能力。

创业的本质就是创造，可以从以下几方面理解：

（1）创造新企业　创造一个前所未有的企业，或者开创新的事业。

（2）创造新价值　一方面是对已有生产方式或资源进行创新性整合并产生新价值；另一方面是找到新的市场机会，以创新性产品或服务为顾客创造新的价值。

（3）创造财富　创业成功必然要获取合理的利润，进而为社会创造财富。

（4）创造就业机会　大量劳动力被雇佣并接受企业的管理，以及提供个人成长支持。

（5）创造增长　主要指市场规模、销售收入、公司资产和人力资源等方面全面增长。

（6）创造变革　伴随着高风险，创业能带来更多的创造性变革，并推动社会进步，主要体现在产品、技术、服务、商业模式和管理等方面。

2. 创业的类型

随着经济的发展，投身创业的人越来越多，《科学投资》调查研究表明，国内创业者基本可以分成以下五种类型。

（1）生存型创业者　生存型创业是创业者为了生存，没有其他选择而无奈进行的创业，显示出创业者的被动性。

生存型创业是面对现有的市场，最常见的是在现有的市场中捕捉机会，表现出创业市场的现实性。生存型创业从事的是技术壁垒低、不需要很高技能的行业。生存型创业受生活所迫，物质资源贫乏，一般是低成本、低门槛、低风险、低利润的创业，往往无力用工。生存型创业者更多地受到创业资金的限制，同时由于其本身受教育程度较低，人力资源相对缺乏，更多地会主动回避技术壁垒较高的行业。

（2）机会型创业者　机会型创业是指为了追求一个商业机会而从事创业的活动，是已经感知到商业机会的人自愿开发商业机会，虽然创业者还有其他的选择，但他们由于个体偏好而选择了创业。

机会型创业是通过发现或创造新的市场机会，为追求更大发展空间，通过新产业的开拓实现对新市场的开拓的创业形态，呈现出创业起点高、对社会经济的推动力大、市场空间大、造就的就业岗位多、利润高、风险大等特征。

相比生存型创业，机会型创业者不仅能解决自己的就业问题，而且能解决更多人的就业问题。另外，机会型创业着眼于新的市场机会，拥有更高的技术含量，有可能创造更大的经济效益，从而改善经济结构。

（3）主动型创业者　主动型创业者可以分为盲动型创业者和冷静型创业者两种类型。

盲动型创业者大多极为自信，做事冲动，不太喜欢检讨成功概率，这样的创业者很容易失败，但一旦成功，往往可成就一番大事业。《纽约时报》刊登了一位叫 Lisa Feuer 的创业故事：像无数的中年人一样，38 岁的 Lisa 是一个大公司的营销经理，但是她一直都有一个创业梦。于是她花了几千美元、利用三个月的时间去学习了瑜伽，随后她便开了一间叫"卡马孩童瑜伽（Karma Kids Yoga）"的学校，试图填补儿童瑜伽的空白。不过，她并没有修习过任何的教育类课程，也没有什么特殊的瑜伽技法。凭借着热情撑过了一年之后，这间孩童瑜伽学校连基本开销都无力支付，只好倒闭。lisa 根本没有认清楚自己的能力范围，她花几千块上的瑜伽课根本就没有将她的能力提升到可以作为一个瑜伽导师的程度。

冷静型创业者是创业者中的精华，他们通常谋定而后动，不打无准备之仗，或是掌握资源，或是拥有技术，一旦行动，成功概率很高。

（4）创意、创新和创业型创业者　此类创业模式对创业者的个人素质要求很高，创业成功往往形成独角兽企业，有时形成新的业态。创业者首先要处理好创意、创新和创业三者的关系。常规思维及创新思维产生创意，创意是创新的基础，创意是创业的动力源之一，创新与创业的结合形成新的生产方式，良好的创新创业氛围可能更容易激发人们的创意，创意、创新和创业组合的链条是推动行业发展和社会繁荣的重要源泉；其次，要搞好资源配置。

（5）迭代型创业者　迭代创业实验室创始人兼 CEO 刘少华提出的迭代创业认为：未来的创业充满不确定性，不是一次性计划执行就能成功，迭代创业就是在互联网时代，创业是持续性发展、迭代性变革、系统性提升的过程，没有终点、没有成功，只有不断迭代。并总结出了迭代创业方法论的四个维度：认知迭代、产品迭代、组织迭代、营销迭代。

第一，认知迭代。互联网迭代创业的认知标准是打造超级 IP。谈到超级 IP，我们会联想到"一切商业皆内容，一切内容皆 IP"。的确，超级 IP 的核心就是辨识度极高的商业符号。在认知范式中，企业要在细分市场建立一个高维度富有想象力的认知。让大市场明白你到底是什么？让用户知道你是先进的还是落后的？你的认知能力是否提升到可以有布局未来？认知迭代就是企业 IP 面向未来的旗帜。

第二，产品迭代。谈到产品迭代，我们要引入一个新概念"MVP"（Minimum Viable Product）最小化可行产品，就是针对天使用户的最小功能组合。也就是说，今天企业的产品不再是火箭发射式的路径，而是一个不断探索摸索的过程，探索的标准就是产品的尖叫度。正如前文所述，现在企业创业难点之一在于环境的不确定性，决策层很难看到可预期的未来，因此传统的"大兵团"联合作战的基础不复存在，只能通过小产品的不断渗透找到产品的方向。因此，出现了流量产品、爆品战略等众多的产品战略矩阵。产品从研发到市场的过程被无限分割，产品体系由原来的产品 A→产品 B→产品 C 变成了产品 A1.0→产品 A1.1→产品 A1.2……→产品 B，研发—推广的速度不断提升。

第三，营销迭代。互联网时代，营销的逻辑发生了变化，传统的营销是由面到点的过程，即从广告→口碑→粉丝的过程，而在互联网时代，用户面对信息的海量爆炸，广告无法给人深刻的印象，看看我们身边的互联网公司的产品，他们的营销逻辑好像是反向的，粉丝→口碑→广告（传播）。由此我们可看出，传统的营销逻辑是"由面到点，概率营销"，而互联网时代营销逻辑是"由点到面，口碑为王"。所谓净推荐值，即客户的口碑推荐转化。当然，互联网营销要达到用户的净推荐，需要在渠道、战术、用户以及技术上进行营销迭代。

第四，组织迭代。工业化时代的企业组织是建立在资本雇佣劳动的基础上，在互联网时代，人人都是创业者，未来将出现无工可打的局面。传统的企业组织管理体系根本不能适应企业的迭代创业过程。组织架构平台化，组织体系去中心化，内部创业成为常态。韩都衣舍、芬尼克兹、海尔等纷纷开启了新一轮的商业组织革命。

3. 创业的阶段划分

（1）生存阶段 以产品和技术来占领市场，只要有想法（点子）、会搞关系（销售）就可以。

（2）公司化阶段 通过规范管理来增加企业效益，这是需要创业者的思维从想法提升到思考的高度，而原先的搞关系就转变成渠道的建设。公司的销售是依靠渠道来完成，团队也初步形成。

（3）集团化阶段 这时依靠的是硬实力（产业化的核心竞争力），整个集团和子公司形成了系统平台，依靠的是团队通过系统平台来完成管理，人治变成了公司治理，销售变成了营销，区域性渠道转变成了地区性的网络，最后形成系统，思维从平面转换到三维。这时创业者就可以退休了，公司有了稳定的现金流系统（赚钱机器），它是二十四小时为创业者工作的。这是许多创业者梦想达到的理想状态。

（4）集团总部阶段 这是创业者的最高境界。它是一种无国界的经营，也就是俗称的跨国公司。集团总部的系统平台和各子集团的运营系统组成一种完整体系。集团总部依靠的是一种可跨越行业边界的无边界核心竞争力（软实力），子集团形成的是行业核心竞争力（硬实力），这样将使集团的各行各业取得它们在单兵作战情况下所无法取得的业绩水平和速度。思维已经从三维转换到多维，这是企业发展所能追求和达到的最高境界。

7.1.2 大学生创业的优劣势分析

大学生创业并非想象中那么简单，艰辛与收获并存，而且付出并不意味着一定会有回报。因此，大学生创业需要从实际情况出发，综合分析自己拥有哪些优势和劣势，结合自身特点，扬长避短，科学分析和统筹规划，做到理智创业和谨慎投资，为成功创业提供切实的保障。

1. 大学生创业的优势

（1）年龄和思维优势　青春自信、朝气蓬勃、思维活跃、领悟力强、充满激情、敢想敢做和善于接受新事物，具有"初生牛犊不怕虎"的挑战精神是大学生的特质。他们具有无可比拟的优势，既是大学生创业的强大动力源泉，又是大学生成功创业的精神基础。

（2）大学校园内的资源优势　高校不但拥有雄厚的智力知识资源，而且拥有学科综合、交叉和渗透的优势，是科学知识创新的源头。因此，大学生拥有丰富的智力资本，还走在高新科技阵地的前沿，关键是能充分利用高校的教育和科研等各种资源，为创业提供坚实和有力的保障。

1）知识资源优势。知识资源是大学生创业的最大优势。大学生是一个知识、智力和活力都相对密集的群体，身处高新科技前沿阵地，在学校积累了很多理论知识，且知识面广，具有比较深厚和扎实的专业理论知识、较强的专业能力和较高层次的技术优势，还能充分利用高校教育和科研等各种资源为创业服务。

2）实践经验优势。很多在校大学生非常重视实践经验积累，利用课余时间积极投入各种实践活动中，如参加校园勤工助学、到各种不同类型的公司打工、担任家教、派发传单、在各种机构中做义工和为高新技术企业打工等，这些活动不但帮助大学生树立了正确的人生观和价值观，而且锻炼和提高了各方面的能力，最重要的是为他们准备开始的创业奠定了坚实的基础。

3）大学生团队组合优势。高效团队是创业成功的开端。因此，大学生在创业过程中十分重视团队的组建和利用。大学生创业团队大多是团队组织者的同学、好友或志同道合的人组合而成的，成员间彼此熟悉，彼此信任，良好的关系增强了团队的凝聚力，使团队合作更为紧密，协助更为默契。此外，团队中的每个成员都有自身优势，在团队中担任不同的角色，有效整合和利用团队的优势，形成资源互补，协同共振，相得益彰。

（3）政策支持优势　高校毕业生是我国宝贵的人力资源。近年来，国家为鼓励高校毕业生自主创业，出台和实施了一系列鼓励大学生自主创业的优惠和扶持政策，为到基层创业的高校毕业生提供了创业培训、开业指导和咨询等服务。从国家到地方的一系列政策支持措施，使学生得到全方位的帮助和支持，极大地鼓舞和促进了大学生的创业积极性，为大学生创业提供了强有力的政策保障。

2. 大学生创业的劣势

（1）创业目标不清晰　有些大学生在创业初期由于缺乏创业经验，各方面都没有做好充足的准备，仅凭感觉办事，导致创业目标不清晰，盲目创业。因此，创业目标不清晰是阻碍创业的首要原因。

（2）缺乏经验

1）缺乏市场意识和经营管理经验。对于大学生创业者来说，调查了解市场需求和分析市场未来发展方向，制订市场营销计划和进行市场推广，是保证企业生存和持续发展的前提。但是，现在很多大学生创业者对市场只是进行主观和理想化的预测和判断，缺乏对市场需求的调查。因此，他们难以获得第一手的市场信息，无法对目标市场进行准确定位，更谈不上制订适合的市场营销计划，再加上缺乏经营管理经验，很容易导致创业失败。

2）缺乏社会经验和阅历。社会经验和阅历是创业的重要因素。因此，缺乏社会经验和阅历，是创业难以成功的重要原因之一。对于大部分时间都生活在校园内、拥有较多专业理论知识和较强专业能力的大学生来说，他们存在着对社会缺乏了解和社会经验不足的短板。不少学生通过各种兼职渠道提升了自己的综合能力，在努力地弥补自身社会经验缺乏的不足。

3）缺乏创业知识。拥有充足的创业知识是创业成功的关键因素。如果缺乏创业知识，大学生创业者很容易走入误区，迷失方向，甚至盲目创业，陷入创业带来的困难和失败风险中，直接导致创业失败。虽然许多大学生在校期间学习了一些与创业相关的知识（如管理知识、财务知识和法律知识），但是这些知识远不能满足实际需要。因此，大学生创业者在创业前，一定要不断地积累创业知识和经验，接受专业指导，做好充分准备。

（3）缺乏创业启动资金 常言道，"巧妇难为无米之炊"。没有启动资金，即使拥有很好的创意也难以转化为真正的生产力。决定大学生是否能够成功创业，启动资金是前提和保障。而现实是大学生由于缺乏担保和抵押，使得他们的融资渠道狭窄和资金筹措困难。因此，缺乏创业启动资金是阻碍成功创业的重要原因之一。

7.1.3 大学生创业的现状

"大众创业，万众创新"的提出，加快了创新创业的步伐，政府和学校对大学生创新创业给予高度重视，调动了大学生创业热情，形成了政府、高校和大学生"三位一体"纵向联动的立体化创业格局。

1. 政府大力支持大学生创业

政府是大学生创业的政策支持者。2015年5月1日，国务院发布了《关于进一步做好新形势下就业创业工作的意见》，明确指出"深入实施大学生创业引领计划、离校未就业高校毕业生就业促进计划，整合发展高校毕业生就业创业基金，完善管理体制和市场化运行机制，实现基金滚动使用，为高校毕业生就业创业提供支持"。随后，各省市相继出台了支持大学生创业的政策文件，为大学生的创新创业提供方便。政府是大学生创业的政策支持者，主要体现在以下四个方面：

1）建立大学生创业见习基地、科技园和孵化器，评选创业示范园，组织举办创业论坛等活动，不断打造创业平台，宣传政策和交流经验，帮助大学生提高创业能力。

2）为大学生提供创业专项资金、政府贴息贷款、小额贷款和融资担保等资金扶持与优惠。

3）工商、税务、人社和户籍等部门联动，为大学生创业的证照办理、税收征免、档案保管和落户等提供便利服务。

4）对大学生注册成立的创业实体，提供减免税收、政府采购招标和科技成果转化等优惠政策和奖励。

这些都为推动大学生创业提供了便利的政策环境。

2. 高校对大学生进行创业教育与实践指导

高校是大学生创业的直接推动者。近年来，各高校纷纷成立大学生创业平台，通过课程培训、项目指导、项目孵化和实体运营等方式，将一批具有市场前景的项目孵化注册为公司实体，实行商业化运营。例如，华北电力大学坚持"学科支撑、创新引领、创业驱动、服务为本"的工作理念，涵盖项目凝练、孕育、孵化和转化等，构建了"创新为基、创业为魄"的大学生创新创业工作体系。

高校对大学生的创业教育与实践指导主要体现为：

1）开展课程培训和创业实践教育。通过开设包含创新创业通识性知识、专业技能、管理知识和创业实践的课程，来夯实大学生创业的基础知识与实践技能。

2）采取项目制支持创新创业活动。建立由学生处、团委、教务处以及院系等共同组成的创业教育与项目凝练机制，由学生处、团委和教务处等各部门根据其职能征集和发布各类创业项目选题（指南），吸纳大学生在专业导师的指导下，以项目为依托，进行创新创业的策划、调研、筹备、试运行和实体运营。

3）对入学的大学生创新创业项目予以资金支持。通过大学生创业经费拨款、专项基金、社会投资、校友投资等多渠道筹措创业资金，为大学生创业提供经费保障。

4）配备由企业导师和校内专家共同组成的高规格导师，对项目进行全方位的指导。

5）以国际、国家级以及省部级项目竞赛为抓手，鼓励、扶持和指导大学生创业项目积极参与各类竞赛，以此为契机，支持大学生申请专利、撰写调研报告和发表学术论文等，形成高水平的创新创业成果，推动项目质量提升。

6）组织大学生参与各类项目推介会和路演，将具有市场前景、经济效益或社会效益的项目推向市场，吸纳企业家和投资者对感兴趣的项目进行洽谈合作，为大学生创新创业项目的商业化运营提供市场化的指导和投资支持，实现项目成果的市场转化。

3. 大学生创新创业热情高

大学生是创业教育的接受者和基本主体。"大学生创业是开辟一个属于自己的空间，干自己从来没有干过的事业，自主生产、经营和管理"。大一适应期，辅导员、班主任以及专业教师利用班会和经验交流会等，对大学生进行目标教育，引导大学生尽快适应大学生活，明确发展目标，将未来发展目标（就业、考研、出国和创业等）作为目标教育的重要部分。经过大一学年的调整适应期到大二时，大部分学生已确立了较为明确的发展目标，并主动地关注创新创业竞赛和创业项目征集等信息，一些同学也较早地参与到创新创业项目中。大学生对创新创业的总体认知与参与状况可归纳为以下三个方面：

一是充分地认识到"大众创业，万众创新"带来的良好机遇，主动关注与之相关的信息，创新创业热情较高。

二是以专业知识的提升与应用为基础，以创新创业实践项目和竞赛为依托，主动联系导师，自愿组队，积极投身于创新创业实践，并涌现出国家级精品项目和优秀成果。

三是大学生充分利用学校提供的各类平台和机会，扎实进行技术研发和商业路演，经过学校的精心培育，将成熟的项目推向市场，孵化为公司实体，实行商业化运营。

由此可见，大学生不再仅仅是书本知识的被动接受者，而且是知识创新和成果创造的重要参与者；不再仅仅是理论知识的受众，而且是创新创业的实践主体；"大学生开办公司"不再是"神话""传说"或"另类"现象，而是在国家鼓励和支持下的"新常态"。

7.1.4 如何更好地促进大学生创业

1. 加强创业教育

在未来人才竞争中，核心竞争力的培育是至关重要的。创业教育是提升学生核心竞争力的有效手段。为提升大学生创业能力和核心竞争力，促进大学生创业，必须加强对学生的创业教育实践。目前高校创业教育缺乏具体的、有针对性的创业指导，学生的创业能力也有一定的欠缺。因此，高校应深入开展创业教育，努力完善大学生创业教育体系，提升大学生的创业资质，助力国家经济社会发展。

2．积极搭建创业服务平台，完善创业服务体系

为更好地吸引、鼓励和支持大学生加入创业大军队伍中，各级政府、社会和学校都应该充分发挥自身的各种职能优势，整合服务资源，积极为大学生创业者搭建低成本、便利化和全方位的创业服务平台，进一步完善原有大学生创业服务体系，为他们解决创业中的实际困难提供有效支持和保障。

3．完善政策支持体系

为了促进大学生创业，各级政府需要联合有关职能部门共同制定大学生创业激励政策，进一步完善创业政策支持体系，为大学生创业提供更好和更便利的政策服务，切实保障大学生创业工作有效地开展。

4．创造良好的创业环境和氛围

良好的创业氛围对推动和促进大学生创业创新活动开展有着极其深远的影响，只有营造良好的创业环境和氛围，才能充分调动和发挥大学生创业者创新创业的积极性和主动性，使他们的潜能得以最大限度地释放。因此，创造一个健康有序的大学生创业环境，会有效地推动和促进大学生开展创业创新活动，同时吸引更多大学生投身到"大众创业，万众创新"的伟大事业中。

5．加强创业教育师资队伍建设

创业教育教师的质量在很大程度上决定着教育质量，目前高校创新创业教育的授课教师主要由缺乏实际创业经验的老师担任，师资力量相对薄弱，在很大程度上影响和制约了创新创业教育的效果。因此，要提高创业教育质量，就必须建设和培养出优秀的创业教育师资队伍。

要实现这个目标必须做到以下几点：一是定期对创业理念和专业知识不足的教师进行培训，尽快提高他们的专业素质和教育教学水平。二是聘请创新创业学科的专业教师及企业家、专家学者和政府相关主管部门官员作为兼职教师，以加强对大学生创业实践的教学和指导。只有这样才能从多方面加强创业教育师资队伍建设，增强创业教育效果。

6．构建创业教育课程体系

将学生创业能力培养渗透到创业教育课程的教学内容中，在课堂上可考虑采用创业案例教学法，向学生直观和生动地展示成功创业者的创业精神、创业方法、过程和规律，培养学生良好的自主创业意识，树立全新的就业观念，启发学生的创业思路和拓宽其创业视野，培养学生的创业基本素质、能力和品质。

7．加强自身综合能力培养

大学生是国家现代化建设的生力军，对有创业志向的大学生来说，创业中的探索和磨炼能为他们的成长提供有利的条件和大好机遇。大学生只有不断加强自身综合能力培养，才能更好地学习、积累与创业有关的知识和技能，才能更好地学习、掌握协调和处理各方面关系的技巧，为成功创业打下坚实的基础。

大学生在创业中要面对许多困难和挫折，因此必须树立信心，勇敢地面对遇到的困难和

挫折，虚心接受别人的意见和建议，认真思考和总结工作中的经验与教训，发挥自身优势，在政府、社会和学校等各方面的关注、引导和支持下，更快和更好地实现成功创业，从而有力推动大学生创新创业事业进一步发展。

7.2　创业项目培育机制

目前，大部分高校都非常重视大学生创新创业项目的培育机制建设，都成立了由校领导为组长的学生创新工作组，统筹规划创新创业工作的全面实施。创新创业工作组聘任校级和院级督导组教师和相应专业教师为专家组成员。校级和院级督导组主要负责全面规划本学院创新性实验项目及其立项申报工作；专业教师审查大学生创新申报的项目可行性，衡量项目研究是否具备必要的软硬件，并对有关政策提出意见和建议等。

1. 创建服务型学生创新中心，作为管理服务主体

服务型学生创新中心负责创新创业工作的具体实施，明确工作目标，准确定位，坚持原则，整合资源；在上述基础上完善各项规章制度，强化过程管理；通过发挥管理主体监督，推进获批大学生创新创业训练计划的全面实施。

2. 成立专家评审委员会

委员会由专家评审和专家指导两部分组成。专家评审委员会制定项目评审细则，进行立项评审、阶段性中期检查（3个月汇报一次）和结题验收工作，为项目公平合理实施和评价发挥支撑作用。具体实施时，以创新型人才培养为研究对象，通过对国内高校创新教育深入研究，破解创新型人才培养在理念、机制、模式和体系等方面问题，为培养高素质创新型人才提供理论研究支撑作用。

3. 建立大学生创新创业基地

为保障大学生创新项目计划的顺利实施，根据学生需要提供必要的实验场地。教师要积极主动地为学生的创新项目提供帮助，学院要采取各种措施提供项目所需的材料和实验条件。立足学院现有的实验室、实验教学中心和创新项目实施平台，整合其他学院的一些通用性和示范性的实验室，统一命名为"大学生创新创业基地"。它一方面能够为学生科研创新活动提供具体实施的平台，另一方面能够提供相应的创业项目指导平台。通过这两种平台，能够为大学生科技文化活动创新和创业活动提供有效载体。创新创业基地坚持做有利于推进素质教育和培养创新型人才的工作，坚持做有利于充分利用实验室高新精的实验设施和提高办学效益的工作。

7.3　创业项目培育的基本措施

1. 大学生创新创业项目的保障措施

（1）提供了合理的项目评审制度　在考虑学院现有实验条件的基础上，大学生依托导师研究项目自主选题，通过联合申报和择优资助的方式，重点资助思路有创新、目标明确、具有一定创新性、研究方案可操作和实施条件好的项目。制定立项评审、分阶段检查和结题验收等多个环节的评审原则，保证公平和公正地做好项目的评审工作。

（2）创业新项目等级的确定　在立项评审过程中，为避免"说得好，做得差"现象，确保立项和实施的一致性，制定先做再定级的过程考核制度。项目立项时，所有项目都给予同样的启动经费，随后根据项目分阶段检查结果和实施进度情况，再确定项目等级，根据所确定的等级分别给予不同额度的后续资助经费。

（3）科学有效的评价激励制度　评价激励制度主要由对教师激励和对学生激励两个方面组成。教师指导对学生最终完成项目具有很重要的作用，学生发表的论文和专利，学院要认可和给予相应的奖励；鼓励学生发表论文，参与科研项目，对做得优秀的学生可以考虑给予一定的物质和精神奖励。

2. 大学生创新创业项目的实施程序

项目实施程序突出学生的主体地位，强调指导教师的辅助和指导作用，充分发挥学生在选题方面的自主性。学院要重点做好立项评审、分阶段检查和结题验收三个环节的检查工作，加强过程管理。

（1）立项评审　申报人（或团队）按照"兴趣驱动"的原则自由选题，填写项目申报书，提交到项目负责人所在学院。各学院对申报项目进行初审后，汇总上报学生创新中心。学院聘请有关专家组成专家评审委员会，通过书面评审和答辩评审两个环节，给予项目客观的评价，确定立项项目，下拨启动经费。

（2）分阶段检查　为促进项目的有效实施，采用分阶段检查，编写汇报文件进行书面检查，并对项目下一步开展提出意见和建议。

（3）结题验收　按照项目申报书的约定，在结题验收工作中主要采取书面检查和答辩验收等方式，对项目进行验收。验收结果分"优秀""良好""合格"和"不合格"四个等级。

第**8**章
创业项目技术情况分析

8.1 市场容量分析

8.1.1 衡量市场容量的指标

市场容量可以通过以下几个指标来衡量。

1. 市场需求

它是一个产品在一定的地理区域和一定的时期内，在一定的营销环境和一定的营销方案下，由特定的顾客群体愿意购买的总数量构成的。市场需求不是一个固定的数字，而是一个在一组条件下的函数。因此，它也被称为市场需求函数。一般来说，在不同的行业营销费用水平下，市场需求都会发生变化。

2. 市场预测

在许多可能有的行业营销努力水平中，实际只有一个水平会发生。与预期的努力相对应的市场需求，就是市场预测。

3. 市场潜量

市场潜量是在一个既定的市场环境下，当行业营销努力达到无穷大时，市场需求所趋向的极限。

4. 总市场潜量

总市场潜量是在一定的时期内，在一定的行业营销努力水平和一定的环境条件下，一个行业全部公司所能获得的最大销量。

8.1.2 市场容量的分析方法

对于企业，市场潜量是最为现实和有意义的市场容量指标。因此，我们主要介绍总市场潜量的分析和计算。

1. 一般分析法

总市场潜量常用的分析方法是：估计潜在的购买者数量乘以购买者的平均购买量，再乘以每一单位的平均价格。这种方法的变形就是类比法。它由一个基本数乘上几个修正率组成。

2. 分析预测法

分析预测法通过向产品的潜在使用者或购买者提问来进行预测，通常由以下三个步骤组成：

（1）确定产品的潜在购买者和使用者　这里的购买者应该全面地解释为有需求、有使用产品的必要资源和有支付能力的顾客。这往往需要管理者评估潜在市场中的所有顾客。另一种可供选择的方法是反向提问法：谁是不合格的潜在顾客？企业应该判断性地确定潜在顾客。此外，其他可能有用的数据来源是调查数据和商业数据。例如，评估笔记本式计算机的市场潜量。一种确定潜在成年使用者的数据的判断方法是对市场进行分类，如"一线工作者"不在办公室办公，但在仓库或生产线工作时需要有可移动的计算能力。"高层管理者"并不是所有时间都在路上，需要一个实体的办公室。"销售人员"主要在办公室以外工作，但有时也在家里。"中层管理者"出去开会时，他们需要带着笔记本式计算机办公。"商务精英"需要一个额外的办公室，但需求没有"高层管理者"那么紧迫。

（2）确定第一步界定的每个潜在购买群体中有多少人　步骤（1）和（2）通常是同步进行的。如果按照特定的人口统计群体来界定，可以估计笔记本式计算机的群体规模分别为"一线工作者"1500万、"高层管理者"1000万、"销售人员"800万、"中层管理者"600万和"商务精英"500万。

（3）估计购买率或使用率　购买率或使用率可以根据调查或其他研究所获得的平均购买率来确定，或根据假设前提——潜在使用率等于重度使用者的使用率——来确定。后者表明企业相信所有的购买者都以高购买率购买产品。这样市场潜量就等于步骤（2）和（3）的乘积，即潜在顾客数乘以潜在使用率。例如，我们假设每位潜在使用者都拥有一台笔记本式计算机，那么美国笔记本式计算机基本市场潜量就是4400万台。与当前的市场销量相比，这样预测得出的数字非常大。要估计年度销售潜力，4400万的销售潜力必须乘以每年的购买比例。假设消费者每四年更换一台笔记本式计算机，则每年的销售潜力就变为1100万。这种方法称为连续比率法。然而数字本身并不总是像获得数字的过程那样重要。运用这种分析方法来评估市场潜量，促使经理去思考谁是产品的潜在顾客。在这个思考过程中，经理可能会发现未发掘的细分市场。市场潜量估计的第二个作用是揭示市场上有待制定新策略、开发新产品的形式和吸引新竞争对手的重要购买力数据。

3. 市场因素组合法

市场因素组合法要求辨别在每一市场上的所有潜在购买者，并且对他们潜在的购买量进行估计。如果公司有一张全部潜在购买者的清单和他们将购买什么的可靠估计，则可直接应用该法。可惜这些条件往往不是很容易就能获得的，比较适合于工业品销售企业。

如果一家机床公司想估计在A地区木料车床的地区市场潜量。第一步是辨认A地区木料车床的全部潜在购买者。这个市场主要由制造业组成，特别是需将其所经营的木料刨平或钻孔的制造厂商。公司应该编辑一张A地区的所有制造企业的地址录。然后，以各行业中每一千名员工或每一百万销售额所需车床比率为基础，估计各行业可能购买的车床数字。

8.2 市场定位

8.2.1 市场定位的步骤

所谓市场定位，就是设计一定的营销组合，以影响潜在顾客对一个品牌、产品或一个企业的全面认识和感知。

1. 寻找市场机会

所谓市场机会，就是市场上哪里有未满足需求的空隙，哪里有未满足的需求，哪里就有做生意赚钱的机会。市场机会又可分为"环境机会"和"企业机会"，市场上一切未满足需求的空隙都是环境机会，但还要看它是否符合企业的目标和资源条件。

企业主不但要寻找市场机会，还要善于分析市场机会，看它是否对本企业适用，是否有利可图。企业主必须明白市场上需要些什么、需要多少和谁需要，预测需求的发展趋势，调查研究影响市场需求和企业营销活动的有关因素，是有利影响还是不利影响等。这就要求企业主不仅要寻找市场机会，还要注重环境因素，即找出那些对企业营销不利的因素，对可能的各种机会和风险灵敏地做出反应。

2. 选择目标市场

在选定了符合企业目标和资源的营销机会以后，还要对这一产品的市场容量和市场结构做进一步分析，缩小选择范围，选出本企业准备为之服务的未满足需求的空隙，即目标市场。主要包括四个步骤：测量和预测市场需求；进行市场细分；在市场细分的基础上选择目标市场；实行市场定位。

对所选定的市场机会，首先要仔细测量其现有的和未来的市场容量。如果对市场前景的预测看好，就要决定如何进入这个市场。一个市场是由多种类型的顾客和需求构成的，这就需要进一步分析不同类型的顾客和需求，即市场结构，了解构成这一市场的各个部分，并确定哪个部分可提供达到目标的最佳机会。

3. 掌握市场需求信息

掌握有关顾客的需求信息是非常重要的。只有充分地了解市场需求，努力地缩小供需之间的差距，并以此为基础来促销，才有开拓市场的可能。同时还应向批发商和厂方提供信息，使其尽可能生产与市场需求相符合的产品。

在整体的需求方面，可以说顾客都会追求舒适。因此，在信息的收集过程中，着重点不只是经营和服务的方向问题，而是从经营到服务范围内的多环节、多方面和具体的细节问题。

4. 创造商机

商机不但要把握，而且还需要去创造。如何创造商机呢？需要掌握以下方法：

（1）反向思维法　创造商机需要有别于常人的思维方法。世界上的事物是千变万化的，但是人们的头脑常被已有的观念和习惯的常规禁锢着，轻易不改变自己的思维方法。如果进行反传统习惯性的逆向思维，将能发现许多新东西，开发许多新产品。电能生磁，磁能不能生电呢？法拉第反向思维的结果是发明了世界上第一台发电机。法拉第的老师戴维则想，利用化学作用可以产生电，为什么不可以反过来用电去搞化学呢？后来他用电解法发现了七种元素。世界就是这么奇妙，有时一正一反的东西，竟可结合成一个美妙的新事物。如果有意识地运用逆向思维，在市场竞争中把两种相反的东西结合起来，有时便能产生美妙的结果，开发出新产品和新市场。

（2）多元化经营　在以信息化带动工业化的跨越式发展的时代，情况瞬息万变，捉摸不定。一个企业要在日益激烈的竞争中生存发展，就必须开展多元化经营。这样碰到形势严峻时，才能及时"调转船头"。企业不但要具备短期的适应能力，而且更要培养长期的生存能力。任何企业都要设想今后可能遭遇到的问题，并采取相应的应对措施，不管发生什么问题，企业都要能够应付，不畏惧。多元化经营策略具有很强的应变能力，不管形势发生什么变化，都能做到左右逢源和巧妙应变。开展多元化经营，能够延长产品生产线，扩大客户，充分利用自身的销售渠道和供应商，故风险较小，灵活性大，竞争性强，有利于发挥自身优势；一旦市场发生变化，可以及时转产，在市场空白点上扬长避短。

从便民之处觅商机。常常会听到"买卖难做"和"想不出什么畅销货"的感叹。对此，日本著名的华裔企业家、经济评论家和作家邱永汉的经验之谈是："哪里有人们为难的地方，哪里就会产生新商品的机会。"

事实上，一些成功的事业确实就是这样开创出来的。日本的城市建筑非常拥挤，道路狭窄，有时汽车开门都非常困难。对此，丰田汽车公司就设计出推拉式的汽车车门，减少了占地空间，又方便了车主。又如，日本人爱喝酒，客人开车到店里消遣完了以后，往往喝得半醉。如果自己开车回家，既怕出事，又担心违章被警察抓住，坐出租车吧，自己的车又怎么办？基于此，一些店主开辟了代客开车的新业务，这样自然吸引了许多顾客。

5. 实行市场定位

企业选定了自己的目标市场后，还需要实行市场定位，采取适当的定位战略。为此，必须充分了解目标市场上现有产品和品牌在质量、功能及广告形式、价格水平等方面有些什么特点，了解现有品牌之间的关系，它们对顾客需求的满足程度等，然后为自己选定一个适当的市场位置。一般来说，品牌之间的相似程度越大，竞争越激烈。

市场定位就意味着在目标市场上，在目标顾客心目中，树立起一定的"产品形象"或"企业形象"，如"物美价廉"和"经济实惠"等，都可作为定位观念。

8.2.2　市场定位的类型

市场定位是一种竞争性定位，它反映市场竞争各方的关系，是为创业企业有效参与市场竞争服务的。

1. 避强定位

这是一种为避开强有力的竞争对手而进行市场定位的模式。创业者避开竞争强手，瞄准市场"空隙"，发展特色产品，开拓新的市场领域。这种定位的优点是：能够迅速地在市场上站稳脚跟，并在消费者心中尽快树立起一定形象。由于这种定位方式市场风险较小，成功率较高，常常为多数企业所采用。

2. 迎头定位

这是一种与市场在位者"对着干"的定位方式，即创业者选择与竞争对手正面冲突，争取同样的目标顾客，彼此在产品、价格、分销和供给等方面稍有差别。实行迎头定位，创业者必须做到"知己知彼、知天知地"，应该了解市场上是否可以容纳两个或两个以上的竞争者，自己是否拥有比竞争者更多的资源和能力，是不是可以比竞争对手做得更好；同时，选择恰当的市场进入时机与地点。否则，迎头定位可能会成为一种非常危险的战术，将创业企业引入歧途。

3. 重新定位

重新定位通常是指对那些销路少、市场反应差的产品进行二次定位。初次定位后，随着时间的推移，新的竞争者进入市场，选择与本企业相近的市场位置，致使本企业原来的市场占有率下降；或者由于顾客需求偏好发生转移，原来喜欢本企业产品的人转而喜欢其他企业的产品，因而市场对本企业产品的需求减少。在这些情况下，企业就需要对其产品进行重新定位。例如，某些专门为青年人设计的产品，在中老年中也开始流行后，这种产品就需要重新定位。

8.2.3 产品定位策略

科特勒认为："产品是指为留意、获取、使用或消费以满足某种欲望和需要而提供给市场的一切东西"。

产品的整体概念包括以下内容：实质产品，即向消费者提供产品的基本效用和性能，是消费者需求的核心部分；形式产品，指产品的本体，是核心产品借以实现的各种具体产品形式，即向市场提供的产品实体的外观；附加产品，指消费者购买产品时随同产品所获得的全部附加服务与利益；延伸产品，指顾客购买形式产品和附加产品时，附带获得的各种利益的总和；潜在产品，指现有产品包括附加产品在内的，可能发展成为未来最终产品的潜在状态的产品。

产品定位策略有以下几种类型。

1. 产品功能定位

功能定位就是以产品的功能为诉求核心，以同类产品的定位为基准，选择自身产品的优异性为宣传重点，为顾客提供比竞争对手更多的收益和满足，借此使顾客对产品留下印象，实现产品某类特异功效。

宝洁公司旗下的飘柔洗发水、海飞丝洗发水和潘婷洗发水都使用了功能定位。使用飘柔洗发水后可以让头发更飘和更柔；使用潘婷洗发水后，可以让头发乌黑发亮；使用海飞丝洗发水不仅可以洗净头发，而且还可以去头屑。消费者非常喜欢这些产品，是因为这些产品突出了最显著的性能。

2. 外形定位

主要以产品的外形进行定位，强调产品造型方面所具有的优势和有别于同类产品之处，以此激发消费者的需求。青岛海尔公司从一封用户来信的抱怨中得到启发，于1996年推出第一代"小小神童"迷你即时洗全自动洗衣机。这种小洗衣机，符合现代人生活节奏紧张、洗衣次数多的要求，又具有能够即时洗、占地小和易搬动的好处，突出产品造型特征，因而在市场上获得了巨大的成功，形成在全国各地脱销的盛状。

3. 包装定位

产品的独特性是产品"活"的灵魂，精美别致的包装是满足消费者的心理价值和战胜竞争对手最有力的武器。例如湖南的酒厂，将酒瓶设计成为类似打鬼的门神——钟馗腰间所挂的酒盅，用石头制成。由于其命名和包装设计独特，尽管它在市场上的售价与白酒之王"茅台"不相上下，但仍备受"酒鬼"们的青睐。可口可乐的瓶子是独一无二的，它颇像中国古代酒仙的葫芦，身子凹凸起伏，曲线优美，不但抓在手里无滑走之虞，更有极佳的手感。这种与众不同的形状，放在货架上尤为醒目，往往成为在那里转悠的顾客目光的聚集点。可口可乐公司对自己的产品造型也极为自豪，还为它申请了专利，其他企业是不能仿制的。

4. 新产品定位

在产品市场生命周期各阶段，企业营销策略主要有以下几种类型。

（1）导入期的营销策略 导入期一般指产品从发明投产到投入市场试销的阶段。它主要是介绍新产品的质量、功能、用途和利益点。主要特点是：生产批量小，试制费用大，制造成本高；广告促销费较高；产品售价常常偏高；销售量增长缓慢，利润少，甚至发生亏损。主要策略为：促销活动价格上采取低价渗透策略，以及把促销与价格组合运用的策略。

（2）成长期的营销策略 成长期是指产品通过试销阶段以后，转入成批生产和扩大市场销售的阶段。主要特点是：销售额迅速增长；生产成本大幅度下降；利润迅速增长；由于同类产品、仿制品和代用品开始出现，使市场竞争日趋激烈。主要策略为：为适应市场需求不断进行改进，进一步细分市场，扩大目标市场，改变广告宣传目标，建立高绩效的分销渠道体系。

（3）成熟期的营销策略 成熟期是指产品在市场上销售已经达到饱和状态的阶段。主要特点是：销售额虽然仍在增长，但速度趋于缓慢；市场需求趋向饱和，销售量和利润达到最高点，后期两者增长缓慢，甚至趋于零或负增长；竞争最为激烈。主要策略有市场改革策略、产品改革策略和市场营销组合改革策略。

（4）衰退期的营销策略 衰退期是指产品不能适应市场需求，逐步被市场淘汰或更新换代的阶段。主要特点是：产品需求量、销售量和利润迅速下降；新产品进入市场，竞争突出表现为价格竞争，且价格压到极低的水平。主要策略有立刻改革策略、逐步放弃策略和自然淘汰策略。

综上所述，产品定位策略就是在产品宣传中突出产品新的价值，重点强调与同类产品的不同之处，从而带来更大的利益。

8.3 产品竞争分析

1. 产业的市场结构及企业地位分析

产业的市场结构可以分为完全竞争、不完全竞争、垄断竞争、寡头垄断和完全垄断五种类型。

在自由竞争状况下的企业地位和在市场垄断状况下的龙头老大地位，对企业经营绩效的影响，显然是不同的。

2. 竞争对手分析

与竞争对手的力量对比，决定了企业可能获得的利润水平和发展潜力。由于存在规模经济和学习效应，在竞争对手强大的领域，企业的发展空间有限，对手的打压有时也许是致命的。在小竞争对手的情况下，力量对比优势所获得的成本、人力等资源和市场上的优势是显而易见的。

3. 企业的主要顾客群落及其忠诚度分析

主要顾客群落（俗称老主顾）是企业存在的价值所在，是企业的衣食父母。管理学中著名的"80/20"原则表明企业20%的时间解决了80%的问题，主要顾客群落正应对了这80%。把握住主要顾客群落，是企业赢得市场的关键。

巨大的主要顾客群落对企业强烈的信任感，是企业非常有价值的无形资产，是企业长时间辛勤培育的结果。海尔公司正是凭着这种信任，从冰箱到家电业，再进军计算机产业，实现了企业的低成本扩张。

4. 主要产品的市场占有状况

产品的市场占有率是利润之源。效益好，并能长期存在的公司，其市场份额必然是长期稳定并呈增长趋势的。例如可口可乐公司和通用汽车公司，其巨大而稳定的市场份额是公司百年立身之本。

5. 产品价值链分析

价值链分析方法是企业一系列的输入、转换与输出的活动序列集合，每个活动都有可能相对于最终产品产生增值行为，从而增强企业的竞争地位。哈佛商学院战略学家迈克尔·波特提出的"价值链分析法"，把企业内外价值增加的活动分为基本活动和支持性活动，基本活动涉及企业生产、销售、进料后勤、发货后勤、售后服务。支持性活动涉及人事、财务、计划、研究与开发、采购等，基本活动和支持性活动构成了企业的价值链。运用价值链的分析方法来确定核心竞争力，就是要求企业密切关注组织的资源状态，特别关注和培养在价值链的关键环节上获得重要的核心竞争力，以形成和巩固企业在行业内的竞争优势。

涉及任何产业内竞争的各种基本活动有进料后勤、生产作业、发货后勤、销售和服务五种类型。

进料后勤：与接收、存储和分配相关联的各种活动，如原材料搬运、仓储、库存控制、车辆调度和向供应商退货。

生产作业：与将投入转化为最终产品形式相关的各种活动，如机械加工、包装、组装、设备维护、检测等。

发货后勤：与集中、存储和将产品发送给买方有关的各种活动，如产成品库存管理、原材料搬运、送货车辆调度等。

销售：与提供买方购买产品的方式和引导它们进行购买相关的各种活动，如广告、促销、销售队伍、渠道建设等。

服务：与提供服务以增加或保持产品价值有关的各种活动，如安装、维修、培训、零部件供应等。

6. 企业的产品组合

企业向市场提供全部产品总的类别，称为企业的产品组合。在产品结构分析方法中，最常见的是波士顿矩阵。矩阵横坐标表示企业某产品的相对市场占有率，纵坐标表示该产品整个市场销售增长率。根据这个坐标系，可以把企业的各个产品分成"明星""金牛""问题"和"瘦狗"四种类别。"明星"产品对应高度吸引力的业务（总市场销售额增长率高），本企业又具有强大的实力（相对市场占有率高），一般能收回大量现金，但同时为在迅速增长的市场中保持优势，也要投入相应的资金。"金牛"产品对应低吸引力的市场，但本企业又具有强大的实力，由于不必再大量投资，该产品能为企业带来大量现金。"问题"产品由于市场迅速增长而具有吸引力，但企业在这一市场上并不占优势位置，企业需要做出决策，要么投入大量资金，使该产品提高到行业的领先地位，要么放弃该项产品。"瘦狗"产品对应于没有吸引力的市场，企业在此项产品的市场中又处于劣势地位，合乎逻辑的决策是尽量利用，即只回收不投资，或者转让。

为保证企业发展的连续性，企业要有合理的产品组合，在"明星""问题""金牛"和"瘦狗"各个区域都有产品。"金牛"产品提供现金流保障；"明星"和"问题"产品作为投资目标，以培育企业下一步主打产品；而"瘦狗"产品是企业前一时期面临退役的业务。由此，构成了生生不息的企业组织。

考察企业的产品结构，目的就在于揭示企业的发展延续性和发展稳定性。

7. 产品社会影响

环保等社会意识对企业的影响非常大，与社会意识相违背的企业必不能长久。近年来，我国政府为根治河水污染，强制关闭了许多高污染企业。评估时应注意企业在生产过程中，主要污染源或污染物的产生原因、处理办法和所达标准，以及关于环境保护或污染治理的其他情况，是否符合国家的政策法规标准。

8.4 经济效益预测及财务目标实现

8.4.1 经济效益预测概述

1. 经济效益预测概念

经济效益是一个综合性的指标。企业经济效益预测实际上是根据所掌握的资料，对企业未来与其经济效益相关指标所进行的展望和推测，如资金需要量和资金成本的预测、产品成本和最优产品组合的预测、投资额与投资效益的预测、量本利综合预测等。它是企业实行科学管理的重要手段之一。

作为一个现代的企业经营者来说，不仅要了解、掌握和分析企业当前的经营情况及经济效益，更重要的是还要预测未来的经济前景，为经济决策者制定今后经营战略提供依据。因此，加强经济效益预测工作显得越来越重要。

2. 经济效益预测的作用

当前，有些企业已开始运用数学模型进行经济效益预测，并取得比较满意的效果。实践证明，经济效益预测主要有以下三个方面的作用。

（1）经济效益预测是编制计划的基础　企业生产经营计划分长期、中期和短期计划，不管编制哪种计划，如果不根据客观实际预测未来，就会出现冒进、浮夸计划或保守、悲观计划，到后来，都会给企业造成不应有的经济损失。为此，效益预测工作必须走在计划工作的前头，使生产经营效益计划订得切实可行。但是，必须指出，预测和计划是两个不同的概念，它们之间既有联系，又有区别。预测只是根据各种假设，提出几种可能性，作为安排计划的基础和前提。而计划则是对未来的决策，它不仅要提出今后奋斗的目标，而且要求人们通过自己的努力来达到目标。

（2）经济效益预测是择优决策的依据　管理的重心在经营，经营的重心在决策，决策的前提在预测，预测的正确在信息，信息的主要来源是会计。这就是说，在企业的生产经营工作中，经营管理者要决策今后实现的效益指标，如果没有准确的预测所提供的必要资料和情报作为依据，其决策的科学性、准确性和可靠性就很难保证。

（3）经济效益预测是促进和激励企业生存与发展的动力　企业要生存和发展，必须首先明确自己的生产经营目标。表示生产经营目标的指标很多，但其中最有代表性和综合性的指标，就是经济效益。例如，"销售利润率"反映企业销售收入获利水平；"资本收益率"反映企业运用投资者投入资本获得收益的能力；"社会贡献率"衡量企业运用全部资产为国家或社会创造或支付价值的能力。通过经济效益预测，将这些指标用量化（数据）向企业全体员工展示。这样不但可以调动和激励广大员工的积极主动性，而且还可以促使企业领导密切联系群众，千方百计地努力完成企业的生产经营目标，为国家和企业多创效益，为员工多谋福利。

应当指出的是，在进行经济效益预测时，人们掌握的信息越充分，对市场经济规律理解得越深刻，时间越短，范围越小，预测就越准确。但是还必须看到，影响经济效益指标变化的因素是多种多样和错综复杂的。有些因素变动易于预测，有些因素则不易预测，而这些因素在实践中又常常互相交织在一起。因此，有时造成实际和预测之间产生误差，这就是预测的局限性。但是，由于预测误差而引起的损失，比起由于根本不进行预测而发生的损失，毕竟要小得多。因此，决不能因噎废食，放弃预测。

3. 经济效益预测方法的分类

经济效益预测的方法很多，大体上可以分为以下两种类型：

（1）定量预测　它主要是通过已知的数据，运用数学模型进行预测。

（2）定性预测　它主要是凭经验和专业直觉预测。这种方法往往也运用数据、信息和计算，但只用它来大概肯定事物未来发展的性质和范围，不要求建立严格的数学模型。

事物的质，制约着事物的量。不注意定性分析，预测容易偏离方向；不注意定量分析，预测容易主观臆断。只有两者互相配合，互相参证，才能提高预测的准确程度和可信性。

4. 经济效益预测的程序

要做好经济效益预测工作，一般要按下列程序进行：

（1）明确预测目的　在预测之前，先要明确预测的目的。这样才能有的放矢地搜集必要的信息和资料。如果预测目的不明确，那就无法确定调查些什么，向谁调查，更谈不上怎样进行预测。

（2）制订预测计划　它能够保证预测工作顺利地开展。预测计划的内容主要规定由哪个单位和哪些人员负责预测工作，采用什么方法搜集信息和资料，以及预测前应做的准备工作和完成任务的时限等。必须指出，制订的预测计划是否切实可行，还有待于实践的检验。如果在预测过程中发现问题，应及时修改计划。

（3）确定预测时间　不仅要明确预测工作的起止时间，而且还要明确预测本身是 1~2 年的近期预测，还是 3~5 年的中期预测，或是 5 年以上的远期预测。只有明确了预测时间，才能使搜集的资料和采用的预测方法符合要求，并能在期限内完成预测工作，及时地为制订短期计划和长期规划提供依据。

（4）搜集预测资料　根据预测目的和预测计划，搜集必要的预测资料，是经济效益预测的前提。预测所需的资料有纵横两类。纵的资料是指历史经济状况和数据，如历年产品生产数量、产品成本、产品销售收入及产品销售利税等。这是分析发展趋势所必需的资料。横的资料是指某个特定时期，对同一预测对象所需的各种会计和统计资料，如某年某种产品的产量及材料和劳动力消耗量、资本占用量等。利用这些资料，可以从它们之间的依存关系进行效益指标预测。另外，对于不掌握的某些资料，可以采用调查、访问和咨询等方式进行搜集。

（5）检验现有资料　对已占有的资料进行周密和认真的检验，这是做好预测工作、提高预测准确度的关键。例如，对于指标的核算方法、统计时间、计值价格、计算单位等，必须检查前后是否一致。如果发现不可比，就要做适当调整。对于历史资料，要检查是否完整，如发现有残缺，就要通过调查研究，采用估算、换算和查阅有关档案资料等方法进行填缺补齐，保证资料的完整性和连续性，保证预测的准确性。

（6）选择预测方法　根据预测的目的和占有的资料，选择适合客观实际的预测方法，是提高预测质量的根本。例如，历史资料完整，而且指标变动呈上升或下降的趋势，就可以利用时间数列进行延伸预测；也可以利用几个有着因果关系的数据进行回归预测等。有时还可以把几种预测方法结合起来互相验证预测的结果，借以提高预测的质量。

（7）分析预测误差　预测毕竟是对未来事件的设想和推断，往往与实际有出入而产生预测误差。误差越大，预测的可靠性越小，甚至失去预测的实际意义。为此，就需要分析产生误差的原因，从而改进预测方法和改用预测模型，使预测的结果尽量符合或接近实际。

8.4.2　财务目标实现的战略方案

1. 站在巨人的肩膀上

牛顿曾经说过：如果我看得比别人更远些，那是因为我站在巨人的肩膀上。需要知道以前的人针对类似目标曾做过哪些事？是否奏效？现在其他人针对类似目标在做些什么？有无展望？还有哪些事从来没有人尝试？为什么？到哪里可以找到前进的第一个据点，得以循此登上更高层级？

2. 勇敢地跳出去

当我们窥见梦想成真的曙光，且着手准备创业以促其实现时，可能会觉得这些伟大的梦想令人震慑。然而，首先只需集中力量做一些必需的小事，好让自己朝正确的方向移动。

这里套用某位禅师的话："要走远路，先察近处；要成大业，先慎小事。"另一位禅师说："研磨宝石，历多时才见其减损；栽植树木，积日久始见其茁壮。"这两句话正说明：跨出去，别犹豫！准备非常重要；无论如何，第一步一定要做好准备工作，但紧接着更重要的是采取行动！小心不要罹患只准备不行动的"分析瘫痪症"，不要出现"花了大量时间准备旅行，结果却根本没上路"的情况。应该仔细研究达成愿望的最好办法，并分析自身处境和长处、个人所必须面对的挑战、所可能遭遇的障碍，以及实现梦想所需具备的全部条件。

谨慎的人会严谨分析大目标，而得到许多较小且较容易达成的单元目标。然后，再累积小成就以取得大成功。但是，如果经过反复分析，仍然患得患失，不敢付诸行动，就患了所谓"分析瘫痪症"。分析和准备本身都不是目的，而只是达成目的的手段——我们只是借其完成目标，千万不可本末倒置，一味地准备，却迟迟不展开追求目标的实际行动。同样的道理，如果光是制订策略，却不见行动，是件相当没意思的事。

3. 随机应变

如果要漂亮行动，就必须事先有所准备。但是，有许多达成目标所需的计划、准备及策略规划工作，往往要等我们上路后才能进行。

有人说，坏的计划比没有计划更糟糕。但这句话若要成立，须满足两个前提：首先，实施这个计划，必会导致我们有所改变；其次，我们必须具备调适能力，随时修正和改进这个计划。

着手做事，不论对错，都会得到回馈；而这些回馈的信息，大多是追求成功最初阶段时所无法获得的，必须实际行动之后才会产生新的信息。这些信息不仅可以充实既有的策略，补足若干先前未曾发现的细节内容，或者还可以指引人们调整大小方向。

创业过程中有些事相当无奈。每个人在展开新历程之初，皆无法确切了解自己究竟走向何方，也无法完全清楚，究竟该如何达成目标，只能边走边学，假如愿意调整方向，则这些新学到的东西会颇有助益。除非实际踏上追求目标的奋斗旅程，否则有一些信息永远无法加以处理。这些新信息，只有在努力清扫路途障碍的过程中，才能绽放光芒，发挥作用。

4. 经常检查自己的计划

想随时掌握创业目标的进度与方向，需要勤奋不懈以及持久耐心。一个人的注意力很容易就被分散，而一直不断包围着人们生活中的问题，有时候也会令人无法精神集中。等到明确知道自己身在何处时，目标早已模糊，梦想早已被粉碎。

但是，无论是每日、每周或是每月做一次确认工作，都能维持在正确的方向，并且非常真实地给人激励与成长。做确认工作也是意味着你必须和已经成为创业者的人多多交往和学习。

假设你最终的人生目标是在你的城市创造一个最大而且最成功的企业。随着岁月流逝，你自己的知识及经验都不断地成长，也许你会发现早期的人生目标已在不知不觉中扩展了，你所创的企业现在已经是全市或全省最大，且最成功的企业了！

重点是在你所行进的方向。当你失去这个方向的时候，问题将会接二连三地出现。例如，一个制造电器用品的公司，在连续几年中，特别投注心力在某一个特殊产品的领域上，直到公司成为该产业的独占者为止。但是，当该公司所生产的特殊产品不再为消费者所需求时，即是该公司应该结束的时候了！这个情形就是，该公司将一个非永久有需求的产品带进了一个有限的市场，而且整个企业的成与败都依赖这一产品。

因此，千万不能将自己的目标局限在某一个可能随时会结束的方向上！而是应该选择一个方向，能够包容改变，并由改变中吸取经验，获得利益。

5. 具有独创性

人生常常因想到然后去行动，结果对那个人往后的人生产生极大的改变。

其实这种突然想到的事并不是偶然产生的，而是与那个人过去的人生经历有关联。所以，从现实规律来看，这可以说是必然会产生出来的。

古今中外有许多人都有这样的经验，因为偶然产生出来的灵感，完成了许多美好的事业。当然，这也是需要努力并抱着良好的想念才可以的。而这种努力和想念，也会酝酿出更好的灵感。

另一方面，也有人说，"天才是努力得来的"。这并不是说努力就必定可以成为天才，每个人的容量都有限度。

所以，做了超出容量以外的努力，虽然可以接近天才，但并不能成为天才。可是，不努力的话，即使有天才禀赋的人，也不能成为天才。

灵感或天才都是独创性的问题。这种独创性并不只在意识方面可以得到，在商业界中也是可以通用的。

日本大荣公司创始人中内功说："即使做生意，也必须有独创性。"他又说："这个社会是个活用个性的时代，也是一个必须将性格拿出来才能生存的时代。"他还说："今后的经营，如果不把性格和哲学发挥出来的话，就不会有存在价值。"

中内功所创立的大荣公司，能在短时间内就向日本流通事业的最前列公司急速成长，这是因为中内功能在生意上发挥独创性的缘故。反过来说，没有独创性的话，就绝对不可能有这么大的发展了。

第9章
创业商业模式分析与选择

商业模式就是一个企业的基本经营方法。沃尔玛、亚马逊、Zara、Netflix、Ryanair 航空和 ARM 等企业都是因为它们独特而具有竞争力的商业模式而异军突起，在各自竞争激烈的行业成为领袖。有一个好的商业模式，成功就有了一半的保证。但商业模式的种类很多，什么样的商业模式才是最适合的？什么样的商业模式最能给创业企业带来最大的利润？这些问题的关键在产品。企业所有的生产经营活动都是围绕产品进行的，通过有效和及时地提供消费者所需要的产品，来逐步实现企业的发展目标。

9.1 产品开发及生产策略

9.1.1 新产品的分类

产品是为了满足人们的某种需要，在一定时间和生产技术条件下，通过有目的的生产劳动所创造的物质资料。它包括实物、服务、场所、组织和构思等各种有形或无形的形式，是指提供给市场、被人们使用和消费、能满足人的某种欲望和需要的一切物品和劳务。产品从理论上可分成图 9-1 所示的三个层次，它们构成了产品整体的概念和内涵。随着消费者政治文化素质的提高和消费心理的更新，越来越重视产品的结构层和无形层功能。

新产品是指采用新技术原理和新设计构思研制并生产的科研型（全新型）产品，或在结构、材质和工艺等某一方面比老产品有明显改进，从而显著提高了使用功能的改进型产品。

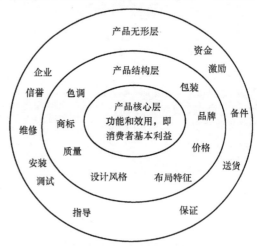

图 9-1 产品的三个层次

根据产品创新程度的不同和内涵的不同，新产品可分为以下五种类型：

1. 仿制新产品

借鉴国内外已出现的新产品而模仿制作的产品，产品设计和工艺技术均为模仿借鉴。目前我国的产品大多为此类产品。

2. 改进型新产品

在老产品的基础上，基本原理不变，部分采用新材料、新工艺和新技术，使产品的结构、功能、品格、性能以及经济指标有显著提高的产品，包括由规格、型号、花色款式等变化而派生出来的产品。

3. 换代产品

换代产品是在原有产品的基础上，采用新材料、新技术和新工艺，革新了原产品的原理、功能和性能，并有飞跃发展或者有显著改进的新产品。这类产品发生的是局部性的变化，一般企业愿意开发此类风险小、见效快和消费者易于接受的产品。

4. 全新产品

这种产品是应用科学技术的新成就，包括理论科学和应用科学进行研究、开发而成的产品。这种产品具有新的原理、新的结构、新的技术和新的工艺，并可使用新型材料创造发明。因此，它具有新的结构、功能和性能，并有突出的经济效益。

5. 高科技产品

到目前为止，高技术还没有形成一个统一的定义。美国和法国认为高技术是知识的密集型工业，如微电子、计算机、遗传工程和航空航天等工业。而且只有当这些工业投入的研究和发展经费与产品销售额的比例、科研人员和一般雇员的比例、产品的技术复杂程度，这三项指标达到一定标准时，才可称为高技术企业。日本把当代尖端技术和为下一代技术作为基础建立起来的技术群称为高技术。

我国学者认为，高技术是指基本原理建立在最新科学成就基础上的技术，是位于科学与技术最前沿的综合技术群。

9.1.2 产品开发策略

企业产品开发策略是指企业通过内部的优劣势以及外部的机会或威胁分析，制定产品开发和实施的策略，是产品组合的开发预测、科学决策、规划和管理，属于企业职能层面的战略和决策。

不同类型、生产不同产品的企业，其产品开发策略各有不同，常见的有以下几种策略。

1. 抢先策略

抢在其他企业之前，将新产品开发出来，并投放到市场中去，从而使企业处于领先地位。采用抢先策略的企业，必须要有较强的研究与开发能力，要有一定的试制与生产能力，还要有足够的人力、物力和资金，并且要有勇于承担风险的决心。

2. 紧跟策略

企业发现市场上畅销的产品，就不失时机地进行仿制，进而投放市场。采用紧跟策略的企业，必须要对市场信息搜集、处理和反应迅速，而且具有较强的、高效率的研究与开发能力。中小型企业大多采用这一策略。

3. 引进策略

把专利和技术买过来，组织力量消化、吸收和创新，变成自己的技术，并迅速转变为生产力。它可以分为三种情况：

1）将小企业整个买下。

2）购买现成的技术。

3）引进掌握专利技术和关键技术的人才。

4. 产品线广度策略

按照选择宽窄程度，它可分类为宽产品系列策略和窄产品系列策略。前者指企业生产多个产品系列，每个系列又有多个品种，它是一种多样化经营策略。大型跨国公司和企业集团大多采用这一策略。后者指企业只生产一两个产品系列，每个产品系列也只有一两种产品。市场补缺者往往采用这一策略。宽产品系列策略是一种多样化经营策略，产品多样化经营不仅分散了市场营销过程的种种风险，而且也避免了单一产品生产单一化的风险。

5. 产品线深度策略

当一种产品的销量迅速扩大时，有一定实力的企业以该产品为基准，迅速推出它的系列产品，以便尽可能多地占领多个细分市场。由于新产品开发策略是在产品生命周期内进行的，因此处于寿命周期的不同阶段时，这种策略表现出不同的特色。

1）当场品进入介绍期时，采取尽量得到消费者信息反馈的策略，以便使生产部门进一步完善、改良产品的性能设计。

2）当产品进入成长期，销售量迅速扩大时，有一定实力的企业可以以该产品为基准，及时推出他们的产品（产品线），以便尽量占领多个细分化市场。

3）当产品逐渐由成长期进入成熟期的时候，产品的利润量已经达到高峰，该产品可以找到的定位消费者几乎全部找到。这时企业一般多采取产品改良的方法，把前期的市场开拓策略改为市场渗透策略。市场竞争转向外形、包装、品牌、价格和服务等方面的竞争。

4）当产品进入衰退期时，可以采取两种对策。一是淘汰产品；二是寻找新的市场，延长其生命力。

9.1.3 产品生产策略

生产策略是企业根据所选定的目标市场和产品特点构造其生产系统时所应遵循的指导思想，以及在这种指导思想下的一系列决策、规划及计划。生产策略通常有以下四种类型。

1. 库存生产 MTS（Make to Stock）

对于那些客户没有定制化需求，但是要求响应时间短的标准化商品（如食品、纺织品、生活必需品等），生产商通常会选择 MTS 的策略。它是在接到客户订单之前，产品就已经生产完毕，进入库存。MTS 策略的优势在于：将客户与产品生产完全分离开；对于客户而言，从订单到产品的时间非常短。在 MTS 策略下，商品的生产完全依赖于对需求的预测——基于历史的需求数据做出准确的预测，才能够避免存货的过度积压，或由于缺货而导致销售机会流失。

2. 订单装配 ATO（Assemble to Order）

对于那些由组件组装起来的商品，生产商通常会选择 ATO 策略。它是在接到客户订单之前，组件已经生产完毕；在接到客户订单之后，生产商用较短的时间将库存中的组件组装为成品。在这种生产策略下，客户可以在一定程度上定制产品。但由于组装带来的额外时间，无法获取像 MTS 策略那样高效的产品交付时间。ATO 生产策略的关键在于组件的设计和库存管理。组件的设计决定了客户定制化产品的空间和灵活度，以及下订单后的组装复杂度。高效的组件库存管理能够保障产品的快速组装。个人计算机、工作站和汽车等商品的生产均属于 ATO 策略。

3. 订单生产 MTO（Make to Order）

当客户对于商品的某些组件有特殊要求时，生产商往往会选择 MTO 策略，因为生产商无法在接到订单前预测到该需求，从而无法提前生产或采购。例如，在电信行业中，运营商会要求设备提供商使用特定型号的存储设备。在这种情况下，设备提供商只能在接到订单后才能开始采购组件。MTO 策略提供了更为灵活的定制化空间，但是产品的交付时间也相应长于前两种策略。

4. 订单设计 ETO（Engineer to Order）

ETO 策略与 MTO 策略最大的区别在于：在 ETO 策略下，生产商在接到客户的订单后，会全程和客户一起设计产品。用户在设计环节的高度参与，很显然让 ETO 成了四种策略中用户定制化最为灵活的一种，而由此付出的代价是商品的交付时间也最长。适用于 ETO 策略的商品，通常来说具有高度的个性化，产品生产的批量很小，很少出现重复生产的情况。飞机制造业和国防产品会首选 ETO 策略。

9.1.4 产品开发及生产策略案例

1. 案例介绍

在食品消费市场上，牛奶始终被看作是一种大众消费品，是被认定为"不可能做出花样来"的商品。然而蒙牛推出的特仑苏牛奶，打破了这种保守的思维定式，剑指高端定位，在众人的质疑声中获得了市场的认可。2005 年年底推出的蒙牛差异化品牌特仑苏牛奶，经历短短的一年时间，仅在上海一个市场的销售量就达到日均 10000 箱，而在其市场运作强势的北方地区，这个数字更高。2006 年 3 月底，特仑苏 OMP 牛奶高调上市，以增加品种的方式进一步巩固和细分市场。进入 2007 年，国内各大乳品品牌纷纷推出高端液态奶产品，而特仑苏依然保持强劲的增长势头，并以开拓者的身份引领高端液态奶市场。据北京物美超市市场部经理左英杰介绍，特仑苏牛奶在高端牛奶中是销售最好的，其余各品牌的高端产品占着相对低一些的市场份额，总体市场处于向上发展的势头。

特仑苏有哪些创新的地方呢？除了典雅和高贵的包装外观、整箱不拆零的终端销售方式外，其奶蛋白含量超过 3.3%，超出国家标准 13.8%。在营养成分上优于普通产品。蒙牛在特仑苏纯牛奶包装盒上将"3.3"做了放大处理，此举对普通纯牛奶产生了极大的杀伤力，吸引了大批关注营养和健康的消费者。随后蒙牛又推出 OMP"造骨蛋白"概念，以高科技突出品牌的技术优势，从而烘托出品牌价值。此外，产地优势也是一大亮点。由于位于乳都核心区和林格尔，北纬 40°左右优质奶源带、1100m 海拔、年日照近 3000h、昼夜温差大等层层地缘优势，滋养 12 国精挑牧草，如此优越的地理位置和环境，加上蒙牛作为乳业领头羊的优势加工技术，使得特仑苏产品天生就含有丰富的天然优质乳蛋白，其整体营养含量更是高于普通牛奶，而且口味更香、更浓、更滑。在寻求新的品牌驱动上，蒙牛突破了以往以企业整体品牌驱动子品牌，建立子品牌关联知名度的打法，另辟蹊径，将特仑苏独立出蒙牛的品牌系列，在弱化蒙牛鲜明的企业品牌的同时，强化子品牌，凸显了它的气质完全不同、包装完全不同、终端陈列不同。

特仑苏的价格比较贵，有多少人会去买呢？一项对爱喝牛奶的理由调查中发现，消费者喝牛奶不只是为了追求健康，在经常喝牛奶的消费者中，15.79% 的人将其作为一种"好滋味的饮料"来细品。而进一步的调查问卷结果表明，如果有各方面表现都出众的"特优质"

液态奶新品，在价格为普通奶 2~3 倍的范围内都是可接受的。

2006 年 10 月 22 日，IDF 国际乳品联合会主席 Jim Begg 在第 27 届 IDF 世界乳业大会上宣布，蒙牛特仑苏获得 IDF 全球乳业"新产品开发"奖。这个奖项的获得展示了一个年轻的乳品企业战胜百年巨头的传奇，这也是中国企业代表首次登上全球乳业领奖台。Jim Begg 指出，IDF 大奖是全球乳业的最高荣誉。蒙牛特仑苏的获奖，对于中国乳业具有非常重大的意义，提升了中国在全球乳业中的地位。在特仑苏取得成功的基础上，蒙牛乳业携手国家公众营养与发展中心、北京大学医学院共同研发了全球领先的 OMP 技术，于今年推出全球第一款"补钙又留钙"的特仑苏 OMP 牛奶，这一尖端技术为特仑苏摘取 IDF"新产品研发"大奖投下了最为厚重的一颗砝码。

2. 案例分析

蒙牛运用产品创新策略推出特仑苏非常成功。

随着市场经济的发展和科学技术的进步，企业产品生命周期越来越短，加快产品创新，缩短产品开发时间已成为企业获得和保持竞争优势的关键。然而，由于产品创新管理过程具有高度的不可预见性和风险性，即便世界一流企业也很难避免产品创新的失败。据美国管理学家梅尔·克劳福特统计，第二次世界大战以来美国和欧洲企业产品创新中工业品创新失败率平均是 25%，消费品创新失败率平均是 35%。要使产品创新马到成功，需要按照科学的方法谨慎操作。

首先要掌握消费者需求。蒙牛了解到在经常喝牛奶的消费者中，15.79% 的人是将其作为一种"好滋味的饮料"来细品的。而进一步的调查问卷结果表明，如果有各方面表现都出众的"特优质"液态奶新品，在价格为普通奶 2~3 倍的范围内都是可接受的。

然后要找准产品创新的切入点。一般说来，新产品根据创新程度不同可分为：

1）连续性革新产品；

2）间断性革新产品；

3）跳跃性革新产品。

特仑苏的推出是以跳跃性革新产品为切入点的。跳跃性革新产品是指在功能相近的同类产品中产生了实质性变化的新产品。这类新产品的产生，一般都以某行业技术或若干行业综合技术的进步作为先导。由于技术发展过程中的重大突破，并把这些技术进步的成果应用在产品实体开发中才产生出跳跃性革新产品。

最后要选择产品创新策略。蒙牛推出特仑苏时选择的是组合型产品创新策略。产品创新的重点，是通过对现有技术的组合形成创新产品。组合技术创新的产品，可以以现有的市场为目标来满足现有的需要，也可以以新市场作为目标市场创造新需求。

9.2 产品市场营销策略

9.2.1 市场营销的含义

市场营销是"marketing"的译法，其他的译法还有市场学、行销学、销售学、市场营销管理学、行销管理学和营销学等。美国著名的市场营销学家菲利普从广义的角度，对市场营销做了如下定义："市场营销是个人和集体通过创造，提供出售，并同别人自由交换产品和价值，以获得其所需所欲之物的一种社会和管理过程。"该定义反映了市场营销的本质，为市场营销学界所广泛接受。它使市场营销活动不仅适应于人们对物质产品的需求及其满足过程，也适应于人们对各种服务的需求及其满足过程；它使市场营销的基本原理适应于产品和服务交换过程中，需求都得到满足的双方，而不单是提供产品和服务的卖方。

随着科学技术的发展、社会化大生产和商品经济的发展，以及人们生活水平的提高，消费由简单向复杂转化，企业生产和人们消费在各个方面都存在不对称的现象。市场营销的基本思想是：企业通过努力了解消费者的需求，使生产的产品符合消费者需求，实现生产与消费的统一。市场营销具有微宏观双重含义。微观市场营销和宏观市场营销是涉及面很广的企业经济活动和社会经济活动，它们在现代社会经济活动中处在重要的位置。

1. 微观市场营销

现代市场营销学着重研究的是买方市场条件下企业的市场营销，即微观市场营销问题。研究微观市场营销的作用在于：首先，企业的市场营销部门通过市场营销研究，密切注意和了解市场需求的现状与变化，发现一些未满足的需求和市场机会；其次，根据企业的任务、目标和资源条件等，选择本企业能够最好地为之服务的目标市场，并根据目标市场的需求，开发适销对路的产品，制定适当的价格，选择适当的分销渠道，制定适当的促销方案，千方百计地满足目标市场的需求。这样就可以扩大销售，提高市场占有率，增加盈利，实现企业的任务与目标。

2. 宏观市场营销

宏观市场营销是由国民经济中各类企业的市场营销活动综合构成的、与市场有关的社会经济活动过程。其基本任务和作用是：各类社会市场营销机构（包括各类生产企业的市场营销部门和各种批发企业、零售企业、储运企业、金融企业、广告公司和市场营销研究企业等）通过执行自身的职能，创造有关的经济效益，以解决社会生产与社会消费之间的各种矛盾，使得生产者各种不同的供给与消费者各种不同的需求相适应，求得社会生产与社会需求之间的统一与平衡，实现整个社会经济的正常运转。

9.2.2 常见的市场营销策略

市场营销策略是企业以顾客需要为出发点，根据经验获得顾客需求量以及购买力的信息、商业界的期望值，有计划地组织各项经营活动，通过相互协调一致的产品策略、价格策略、渠道策略和促销策略，为顾客提供满意的商品和服务而实现企业目标的过程。

1. 产品策略

（1）产品组合策略 产品组合是指企业生产或经营的全部产品线和产品项目的组合，或者说是企业生产经营的全部产品结构。一个企业的产品组合往往包括若干产品线。

产品组合具有一定的宽度、深度、长度和相关度，这四个维度为企业制定产品策略提供了依据。

产品组合的宽度也称产品组合的广度，是指产品组合中所拥有的产品线的总数，即企业有多少产品大类，产品线越多意味着产品组合越宽。例如，宝洁公司生产清洁剂、牙膏、肥皂、纸尿布及纸巾，有5条产品线，表明产品组合的宽度为5。

产品组合的深度指一条产品线中所包括产品项目的数量，即产品线中的每一产品所包含的不同花色、规格、尺码、型号、功能和配方等数目的多少。例如，宝洁公司的牙膏产品线下的产品项目有三种，佳洁士牙膏是其中一种，而佳洁士牙膏有三种规格和两种配方，故佳洁士牙膏的组合深度就是6。

产品组合的长度是指一个企业的产品组合中所包含的产品项目总数，即所有产品线中的产品项目相加之和。以产品项目的总数除以产品线的数目，可得出产品线的平均长度。以某家电器公司为例，此公司的电视机产品线有6个产品项目，录音机产品线有8个产品项目，洗衣机产品线有3个产品项目，吸尘器产品线有4个产品项目，电冰箱产品线有6个产品项目，空调产品线有4个产品项目。这家公司的产品组合长度为：6+8+3+4+6+4 = 31（个）。

产品组合的相关度是指企业各条产品线在最终用途、生产技术、销售方式及其他方面的密切相关程度。产品组合的相近程度越大，其相关度也越高。反之，则越低。相关度大的产品组合有利于企业的经营管理，容易取得好的经济效益；而产品组合的相关度较小，说明企业主要是投资型企业，风险比较分散，管理的难度较大。

产品组合策略指根据企业的资源、市场需求和竞争状况对产品组合的宽度、深度、长度和相关度进行适当的调整，以达到最佳的产品组合，主要包括产品项目的增加、调整或剔除，产品线的增加、延伸，以及产品线之间关联程度的加强和简化。

企业可以选择的产品组合策略有以下几种类型：

1）扩大产品组合策略。这是指拓宽产品组合的宽度和加强产品组合的深度，从而增加产品组合长度的策略。方法是在原产品组合中，增加一条或几条产品线，或者在现有产品线内增加新的产品项目。后者一般适合于企业发展势头良好、实力比较强大，且市场环境理想的状况，是企业扩张策略的一个组成部分。

2）缩减产品组合策略。这是指降低产品组合的宽度或深度，从而减少产品组合长度的策略。方法是：剔除那些获利小的生产线或产品项目，集中资源生产那些获利多的产品线或产品项目；或者通过对产品组合的缩减，有利于企业保持实力，集中力量从事优势产品的生产经营，减少资源的浪费，提高竞争力，促进企业生产经营的专业化等。后者一般是在市场不景气或原料和能源供应紧张时采用，是一种紧缩性策略。

3）产品延伸策略。它主要是指产品线的延伸，是将产品线加长，增加企业的经营档次和范围。这是实现扩大产品组合策略的一种重要途径。产品线延伸的主要目的是满足不同层次的消费者需求和开拓新的市场，具体有向下延伸、向上延伸和双向延伸三种形式。

向下延伸指企业原来定位于高档市场的产品线，通过逐步增加中、低档产品项目，实现向下延伸。当企业生产经营的高档产品不能再提高销售增长速度，而且企业具备生产经营低档产品的条件，并能最大限度避免向下延伸带来的风险时，就可以采用该策略。

向上延伸指企业原来定位于低档市场的产品线，在原有产品的基础上，向上增加高档产品项目，使企业进入高档产品市场，从而实现向上延伸。它一般适合于以下几种情况：一是高档产品有较高的销售增长率和毛利率；二是为了追求高、中、低档产品的完整产品线；三是以某些高档的产品来调整产品线的档次。

双向延伸指原来生产中档产品的企业，在取得市场优势后，决定同时向产品线的上、下两个方向延伸，即一方面增加高档产品，提高企业声誉，创建高档名牌；另一方面增加低档产品，提高市场占有率，扩大市场阵地，力争全方位地占领市场。

（2）产品品牌策略　品牌是商品的商业名称，是由企业独创、有显著特点、用以识别卖主产品的某一名词、术语、标志、符号、设计语义组合。一个企业的品牌和商标可以是相同的，也可以是不相同的。品牌比商标有更广的内涵，品牌代表一定的文化，有一定的个性，而商标则只是一个标志。

品牌策略指的是企业如何合理有效地使用品牌，以充分发挥品牌作用的方法。

1）品牌化策略。它是指企业决定是否给产品规定品牌名称和设计品牌标志。对于大部分产品，企业均实施品牌化策略，为其产品确定一个品牌，借以推广到市场。但是，采用品牌要产生一定的费用，而维持品牌成长与发展必须不断地投入费用。通常不因制造商而形成特点的产品、临时性或一次性生产的产品，或者生产简单、消费者选择性不大的产品，不使用品牌。

2）品牌归属策略。这是指根据品牌的归属不同，而决定采用制造商品牌、中间商品牌或制造商与中间商混合使用品牌。

制造商品牌，以生产者名称或生产者自己的品牌作为产品品牌。中间商品牌是企业决定将其产品大批量卖给中间商，中间商再用自己的品牌将货物转卖出去。

中间商在产品与消费者之间，起着质量保证和售后服务保证的信誉作用。

制造商与中间商混合使用品牌。一些新产品往往借助知名中间商打开市场，之后再考虑改用制造商品牌，或将两种品牌名称同时打在标签或包装上。企业在进入国际市场时常采用这种方法。

3）品牌统分策略。它是指企业所生产的不同种类、规格和质量的产品，分别使用不同的品牌，还是全部使用一个品牌。

个别品牌策略。企业对不同产品，分别使用不同的品牌名称。其好处是：企业不会因某一品牌信誉下降，而承担较大的风险；企业为每一新产品寻求最佳的品牌，而不必把高档优质产品的品牌引进较低质量的产品线；每个新的品牌都可以造成新的刺激，建立新信念，有利于企业产品向多个细分市场渗透。其缺点是：产品的促销费用过多，不利于企业创立名牌。

统一品牌策略。企业对所生产的多种产品使用同一品牌。其优点是：企业可以运用多种媒体来集中宣传一个品牌，借助品牌的知名度来显示企业实力，塑造企业形象；有助于新产品进入目标市场。但是，使用统一品牌必须对每种产品质量进行严格控制。否则，若某一种产品出现质量问题，就可能影响全部产品和整个企业的信誉。统一品牌策略还存在着容易相互混淆、难以区分产品质量档次等令消费者不便的缺憾。

统一品牌和个别品牌并列策略。一个拥有多条产品线，或者具有多种类型产品的企业，可考虑采用该策略。一般是在每一种个别品牌前冠以公司的商号名称。采用这种策略的出发点，是企业兼收以上两种策略的优点。

4）多品牌策略。多品牌策略是指企业在同一类产品线上，同时使用两个或两个以上相互竞争的品牌。其优点是：在零售商的货架上，占用更大的陈列面积，提供几种品牌不同的同类产品，吸引求新好奇的品牌转换者；使产品深入多个不同的细分市场，占领更广大的市场；有助于企业内部多个产品部门之间的竞争，提高效率，增加总销售额。其主要风险在于：不能集中到少数几个获利水平较高的品牌，同时还要协调很多品牌之间的矛盾。

5）品牌扩展策略。品牌扩展亦称品牌延伸，是指企业利用已具有市场影响力的成功品牌来推出改良产品或新产品。例如，百事可乐利用其拥有的品牌知名度，推出它的运动休闲服饰系列，以获得一部分消费者的认可。采用品牌扩展策略，可以借助原品牌的知名度，提高新产品的声誉，减少新产品的市场进入费用，同时还可以进一步扩大原品牌的影响和声誉。但是在使用该策略时，应考虑原产品与品牌扩展产品之间是否存在资源和技术等方面的关联性，或者是否具有互补性，否则将难以被消费者接受。只有将品牌扩展策略使用到与其形象、特征相吻合、接近的产品领域，才会有可能成功。品牌名称滥用会失去它在消费者心目中的定位。

（3）产品包装策略　　在市场日益竞争的今天，包装变成厂商重要的营销策略。在产品形式上不断创新，借以在终端竞争中制胜。在包装的设计上，也是求新求变，花样翻新。市场实践表明，产品的包装策略也是产品策略中不可缺少的一个环节。

1）类似包装策略。它指企业生产的不同产品，采用共同的或相似的图案、形状、标签或其他共同特征的包装。其目的是使消费者建立品牌识别系统，辨识本企业的家族产品，既节省包装的成本，又能提高企业声誉和塑造企业形象。但需要注意的是，这种包装策略适用于同种品质的商品。

2）配套包装策略。它指包装时将相互关联的多种产品纳入一个包装中，同时出售。例如化妆品套装，有利于扩大销售，满足消费者多重需求。

3）再使用包装策略。这种包装力争在产品使用后，其包装物还可以用作他用。这样可使消费者获得额外的满足。在包装续用过程中，也能起到免费的广告宣传作用。

4）等级包装策略。按照产品的价值和品质，分成若干等级并实行不同等级的包装，使包装和产品价值相符合，体现价值差距，如礼品装和普通装。该策略有利于消费者识别档次差异，适用于同一品牌但品质不同的产品。

5）附赠品包装策略。在产品包装内附赠给消费者的其他物品或奖券，可以激发消费者购买兴趣。

6）更新包装策略。对原有的包装重新改良或更换，可以重新塑造产品在消费者心目中的固有形象，使消费者产生新的购买欲望。

2. 定价策略

定价策略是企业为了实现预期的经营目标，根据企业的内部条件和外部环境，对某种商品或劳务选择最优定价目标所采取的应变谋略和措施。

（1）新产品定价策略　　新产品定价是企业定价策略的一个关键环节。在激烈的市场竞争中，企业开发的新产品能否及时打开销路、占领市场和获得满意的利润，这不仅取决于企业适宜的产品策略，而且还取决于其他市场营销手段和策略的协调配合。其中新产品定价策略，就是一种必不可少的营销策略。常见的新产品定价策略有以下三种类型：

1）撇脂定价策略。它是一种高价格策略，是在新产品上市初期，价格定得很高，以便在较短时间内获得最大利润，之后随商品的进一步成长，再逐步降低价格。采用此策略的企业产品一上市便高价厚利，这是因为新产品能对消费者产生新的吸引力。

实行撇脂定价策略必须有一定的条件：首先，新产品比市场上现有产品有显著的优点，能使消费者"一见倾心"；其次，在产品新上市阶段，商品的需求价格弹性较小，或者早期购买者对价格反应不敏感；最后，短时期内由于仿制等方面的困难，类似仿制产品出现的可能性小，竞争对手少。

2）渗透定价策略。它是一种低价格策略，即在新产品投入市场时，价格定得较低，以便消费者容易接受，快速打开和占领市场。

采用渗透定价策略的条件是：商品的市场规模较大，存在着强大的竞争潜力；商品的需求价格弹性较大，稍微降低价格，需求量会大大增加。通过大批量生产，能显著降低生产成本。

3）满意定价策略。它是一种介于撇脂定价和渗透定价之间的折中定价策略，其新产品的价格水平适中，同时兼顾生产企业、购买者和中间商的利益，能较好地使各方面接受，是一种中间价格。正是由于这种定价策略，既能保证企业获得合理的利润，又能兼顾中间商的利益，还能为消费者所接受。因此，它也被称为满意定价策略。

以上三种新产品定价策略各有利弊，并有其相应的适用环境。企业在具体运用时，应从企业的实际情况，如市场需求特征、产品差异性、生产能力、预期收益、消费者的购买能力和对价格的敏感程度等因素出发，综合分析，灵活运用。

（2）折扣定价策略 它是利用各种折扣和折让，吸引经销商和消费者，促使其积极推销或购买本企业产品，从而达到扩大销售、提高市场占有率的目的。这一策略能增加销售的灵活性，给经销商和消费者带来利益和好处，因而在现实中经常被企业所采用。常见的价格折扣主要有以下几种形式：

1）现金折扣。它是指企业为了加速资金周转，减少坏账损失或收账费用，给现金付款或提前付款的顾客在价格方面给予一定的优惠。例如，某企业规定，提前付款10天的顾客，可享受1%的价格优惠；提前20天付款，享受2%的价格优惠。运用现金折扣策略，可以有效地促使顾客提前付款，从而有助于盘活资金，减少企业的利率和风险。折扣大小一般根据付款期间的利率和风险成本等因素确定。

2）数量折扣。它是指企业给大量购买的顾客在价格方面的优惠。购买量越大，折扣越大，以鼓励顾客大量购买。这是企业运用得最多的一种价格折扣策略。数量折扣又分为以下两种形式：

① 累计折扣。它是指在一定时期内，购买商品累计达到一定数量所给予的价格折扣。例如，某服装店推出顾客在3个月内，购买服装金额累计达到2000元，可享受8.5折的优惠。采取这种策略，可以鼓励顾客经常购买本企业的商品，稳定顾客，与顾客建立长期的关系；同时，适宜推销过时、滞销或易腐易坏的商品。这种策略在批发及零售业务中经常采用。

② 非累计折扣。它是规定每次购买达到一定数量，或一定金额给予价格折扣。采取这种策略，可以鼓励顾客大量购买，扩大销售，同时又可以减少交易次数和时间，从而节省人力和物力等方面的费用，达到增加利润的目的。例如，一次购买50个单位以下，单价20元；购买50~100个单位，单价18元；购买100个单位以上，单价16元。

3）职能折扣。又称同业折扣或贸易折扣，它是生产企业给予中间商或零售商的价格折扣。折扣的大小因商业企业在商品流通中的不同功用而各异。对批发商来厂进货给予的折扣一般要大些，零售商从厂方进货的折扣低于批发企业。例如，某生产企业报价为200元，按价目表给中间商和零售商分别为10%和15%的职能折扣，以鼓励其经销自己的产品。

4）季节折扣。它是指企业对生产经营的季节性产品，为鼓励买主提早采购或在淡季采购，而给予的一种价格折让。在季节性商品销售淡季，资金占用时间长，这时如果能扩大产品销售量，便可加快资金周转，节约流通费用。在这种情况下，卖方以价格折扣来鼓励买方在淡季购买商品，并向其转让一部分因节约流通费用而带来的利润，这对买卖双方都具有积极意义。厂家和中间商之间采用季节性折扣，可以促使中间商提早进货，保证企业生产能够正常进行。而零售企业在销售活动中实行季节折扣，能促进消费者在淡季提前购买商品，减少过季商品库存，加速资金周转。例如，冬季购买电风扇、夏季购买电暖炉等都可给予一定的价格折扣。

（3）心理定价策略　这是一种针对消费者心理活动和变化所使用的定价策略。它是运用心理学的原理，依据不同类型的消费者，在购买商品时的不同心理要求来制定价格，以诱导消费者增加购买，扩大企业销售量。这种定价策略一般在零售企业中，对最终消费者采用得比较多，具体策略包括以下六种类型。

1）整数定价策略。它是指在定价时，把商品的价格定成整数，不带尾数，使消费者产生"一分钱一分货"的感觉，以满足消费者的某种心理，提高商品的形象。这种策略主要适用于高档消费者，或消费者不太了解的某些商品。

2）尾数定价策略。它是指企业在制定产品价格时，以零头数结尾。据心理学家分析，消费者通常认为整数价格，如 10 元、20 元或 200 元等是概略价格，定价不准确，而认为非整数价格，如 9.96 元、19.95 元或 198 元等，是经过精确核算的价格，容易产生安全和信任的感觉，从而满足了消费者求廉的心理。对于价格较低的商品，特别是日用消费品，采用尾数定价策略，能使消费者对商品产生便宜的感觉，而迅速做出购买决策。

3）组合定价策略。它是指企业为迎合消费者求全的心理，将两种或两种以上有关联的商品，合并制定一个价格。具体做法是：将这些商品捆绑在一起，或装入一个包装物中，如将牙膏与牙刷捆绑进行销售。此策略常常易激发消费者的购买欲望，有促进多种商品销售的即时成效的作用。

4）分级定价策略。它是指在定价时，把同类商品分为几个不同等级和档次，不同等级和档次的商品，其价格有所不同。这种定价策略能使消费者产生货真价实、按质论价的感觉，因而容易被消费者接受。采用这种定价策略，等级和档次的划分要适当，级差不能太大或太小，否则起不到应有的分级效果。

5）特价品定价策略。又称为招徕定价策略，企业将商品的价格定得低于市价，并广泛宣传，引起消费者的兴趣，满足消费者购买便宜商品的心理需求。此策略常在经营多品类的超级市场和百货商店使用，其有意将店中的几种商品的价格标得很低（特价），有时甚至低于成本，再配上醒目的标签以吸引顾客来店。目的在于召唤顾客，引发连带购买行为。

6）习惯定价策略。有些商品在顾客心目中已经形成了一个习惯价格，该价格稍有变动，就会引起顾客不满。若提价，顾客容易产生抵触心理；若降价，会被认为降低了质量。因此，对于这类商品，企业宁可在商品的内容、包装和容量等方面进行调整，也不采用调价的办法。

（4）地理定价策略　它是指企业根据产销地的远近、交货时间的长短和运杂费用的分担，制定不同的价格策略。它主要有以下几种形式：

1）产地价格。它是指顾客在产地按厂价购买产品，卖主负责将产品运至顾客指定的运输工具上，交货前的有关费用由卖方负担，交货后的有关运费、保险费、装卸费和仓储费等全部由买方负担。我国企业的商品进口中，多选择这种方式。

2）买主所在地价格。这种策略与前者相反，企业的产品不管卖向何方，也不管买方路途的远近，一律实行统一运送价格，即把商品运到买方指定的目的地。到达目的地前的一切运输和保险等费用均由卖方负担。

3）成本加运费价格。其内容与买主所在地价格相似，只是卖方不负担保险费。

4）分区运送价格。它是指把产品的销售市场分成几个价格区域，在一个区域内实行统一的价格，对于不同价格区域的顾客制定不同的价格，实行地区价格。通常原材料和农产品实行此种价格策略。

5）运费补贴价格。它是指卖方对距离远的买方给予适当的价格补贴，以补偿买方较大的运输费用。

（5）差别定价策略　它是指在给产品定价时，可根据不同需求强度、不同购买力、不同购买地点和不同购买时间等因素，采取不同的价格。

1）以顾客为基础的差别定价。它是指同一种商品，对不同的消费者，可以采用不同的价格。例如，电影院对普通观众收取正常的票价，对学生收取较低的学生票价；同一产品卖给批发商、零售商或消费者时采用不同的价格等。

2）以产品式样为基础的差别定价。它是指对同种产品进行某些改动，如改变其外观样式、增加某些功能等，以采取不同的价格。例如，给电熨斗加上温度指示灯，则其售价会比没有安装温度指示灯的高 20 元。

3）以时间为基础的差别定价。它是指对不同季节和不同日期，甚至不同时点的商品或劳务可以制定不同的价格。例如，旅游宾馆、饭店在旅游旺季和淡季的收费标准不同；电话在不同时间（白天、夜晚、节假日、平日等）的收费标准不同等。

4）以地点为基础的差别定价。例如，同一地区或城市的影剧院、运动场、球场和游乐场等因地点或位置的不同，价格也不同。

3. 渠道策略

（1）分销渠道的概念与功能　分销渠道是指产品或服务转移所经过的路径，由参与产品或服务转移活动、以使产品或服务便于使用或消费的所有组织构成。分销渠道也称"销售通路""流通渠道"或"营销渠道"。

分销渠道的起点是生产经营者，终点是消费者或用户。中介组织包括中间商（中间商是指那些将购入的产品再销售或租赁以获取利润的厂商，如批发商和零售商）和其他一些帮助转移所有权的组织，如银行、广告商、市场调研机构和物流企业等。

生产的功能是把自然原料按照人类的需要转换成具有某种效用或价值的产品组合；分销渠道的功能则是使产品从生产者转移到消费者的整个过程顺畅而高效。具体而言，分销渠道的主要功能有调研、促销、接洽、组配、谈判、物流、风险承担和融资等。

（2）分销渠道的结构与类型　分销渠道结构是指分销渠道中所有渠道成员所组成的体系，也称分销渠道模式。分销渠道有如下六种基本结构：生产制造商—消费者；生产制造商—零售商—消费者；生产制造商—批发商—零售商—消费者；生产制造商—代理商—消费者；生产制造商—代理商—零售商—消费者；生产制造商—代理商—批发商—零售商—消费者。

从不同的角度划分，分销渠道可以分为以下两种类型：

1）直接渠道与间接渠道。分销渠道按照产品在流通过程中，是否经过中间商转卖来划分，可以分为直接渠道和间接渠道两种类型。生产商将其产品直接销售给最终消费者或用户，称为直接渠道，即直销；其他状况（在流通过程中使用了中间商）则称为间接渠道。

2）长渠道与短渠道。按照分销渠道的长度划分，可以分为长渠道和短渠道。分销渠道的长度是指产品分销所经中间环节的多少及渠道层级的多少。不同国家、不同地区和不同行业分销渠道的长短，均有很大差异。总体来讲，可归纳为以下四种有代表性的分销渠道类型。

零阶渠道是指生产商直接把商品卖给消费者或用户，不经过任何中间商转手的分销渠道。这种流通模式称作直销型。它在生产资料商品销售中应用比较广泛。在日用工业品流通中，有的生产商通过邮寄或人员向消费者推销；有些农副产品的生产者到农贸市场销售等，均属于这种模式。这种模式若运用得当，则可以加快商品流通，节省流通费用，增加生产商的收益。

一阶渠道是指含有一个销售中介机构，即生产商把商品出售给一个中间商，再由该中间商转售给消费者或用户的流通模式。在生产资料商品流通中，一般是生产商把商品出售给一个批发商或委托给一个代理商，再由批发商或代理商转售给用户；在日用消费品流通中，一般是生产商把商品出售给零售商，再由零售商出售给消费者。在商品流通实践中，一阶渠道的使用非常广泛。大至汽车、家具和家用电器；小至服装、鞋帽、药品、食品和蔬菜等，品种繁多。由于一阶渠道含有一个销售中介机构，不仅使生产商减轻了销售活动的沉重负担，节省了推销费用，而且分散了生产商的风险，提高了销售效率，扩大了销售市场，增加了销售服务，从而也方便了广大用户。

二阶渠道是指含有两个销售中介机构，即在商品流通过程中有两个或两类中间商业机构的渠道模式。在消费者市场中，中介机构是指批发商和零售商；在生产者市场，则通常是指销售代理商和批发商。这种渠道模式在日用消费品流通中使用更为广泛。因为很多消费品，货源分散，销售面宽，与居民的日常生活密切相关，客观上也需要有多层次的分销网络。这样既可以节省生产商的销售费用，又可以节约零售商的进货时间，从而有利于零售商扩大经营品种，更好地满足消费者日益复杂的多方面需求。

三阶渠道是指含有三个销售中介机构，即在商品流通过程中有三个或三类中间商业机构的渠道模式。肉类食品及包装类产品的生产商通常采用这种渠道分销其产品。这种渠道的特点是在生产商与批发商之间又增加了代理商这一中间机构。代理商在这种分销渠道模式中的存在，有利于中小企业推销商品以及开展代购、代批、代储、代运、代销、代办信息传递和代办有关服务等代理业务。

一般来讲，更多层次的分销渠道较少见。从生产商观点来看，随着渠道层次的增多，控制渠道所需解决的问题也会增多。

以上四种有代表性的渠道结构模式，前两种可称为短分销渠道，后两种可称为长分销渠道。

3）宽渠道与窄渠道。如果按照分销渠道的宽度划分，可以分为宽渠道和窄渠道。分销渠道的宽度是指分销渠道的每个层次中，使用同种类型中间商的数目，如批发商数量、零售商数量和代理商数量。宽渠道是指生产商通过许多批发商、零售商将某种产品在广泛的市场上销售；窄渠道是指生产商只利用较少的批发商或零售商，在有限的市场上销售其产品。一般来说，渠道的宽度主要有密集性分销、选择性分销和独家分销三种类型。

密集性分销是指生产商通过尽可能多的批发商和零售商推销其产品。一般销售量大的生活日用品（如牙膏、洗衣粉和香皂等）和工业品中的通用机具，适合采用这种宽渠道模式。

通常密集性分销又可分为零售密集性分销和批发密集性分销两类。

选择性分销是指生产商在某一地区，仅通过几个精心挑选的、最合适的中间商推销其产品。这样既可以使产品取得足够的市场覆盖面，又比密集性分销更易控制和节省成本。

独家分销是指生产商在某一地区，仅通过一家中间商推销其产品。双方协商签订的独家分销合同规定：生产商在某个特定市场内，不能再使用其他中间商同时经销其产品；而这家中间商也不能再经销其他竞争者的同类产品。

4）传统分销渠道与分销渠道系统。如果按照渠道成员之间的关系来划分，可以分为传统分销渠道和分销渠道系统两种类型。

传统分销渠道，又称松散型的分销模式，是指一般的分销组织形态，渠道各成员之间是一种松散的合作关系，各自追求自己的利润最大化，最终使整个分销渠道效率低下。传统分销渠道各成员之间的关系是临时的、偶然的和不稳定的。它具有较大的灵活性，可以随时地淘汰或选择分销渠道。但渠道成员各自追求自己利益最大化，不顾整体利益，结果会使整体分销效益下降，同时渠道成员之间缺乏信任感和忠诚度，自然也就缺乏合作的基础，难以形成长期和稳定的渠道成员关系。因此，选择传统分销渠道的企业越来越少。

分销渠道系统是指渠道成员实施纵向或横向联合，或利用多渠道达到同一目标市场，以取得规模经济效益。分销渠道系统主要有垂直分销渠道系统、水平分销渠道系统和多渠道分销系统三种类型。

垂直分销渠道系统是由生产商、批发商和零售商组成的一种统一联合体，每个成员把自己视为分销系统中的一分子，关注整个垂直系统的成功。垂直分销渠道模式包括所有权式（又称公司型）、契约式和管理式三种形式。

水平分销渠道系统是指两家或两家以上的公司横向联合，共同形成新的机构，发挥各自优势，实现分销系统有效和快速地运行。它实际上是一种横向的联合经营，其目的是通过联合，发挥资源的协同作用或规避风险。例如，可口可乐公司和雀巢咖啡公司合作，组建了一个新的公司。雀巢咖啡公司以自己专门的技术优势研制新的咖啡及茶饮料，然后交给熟悉饮料市场分销的可口可乐公司去销售。水平分销渠道系统比较适合实力相当而营销优势互补的企业。

多渠道分销系统是指生产商通过两条以上的渠道进行分销活动，也称为双重分销。生产商的每一条渠道都可以实现一定的销售额。在营销实践中，多渠道分销系统广泛存在。

（3）分销渠道策略选择

1）影响渠道选择的主要因素。销售渠道的整个环节，是产品、市场、中间商、消费者及用户等多种要素的组合。企业在对其产品进行销售渠道决策时，必须对各种影响因素进行认真的分析和研究，才能做出正确的决策。企业进行销售渠道决策的依据，主要包括产品因素、市场因素和企业自身因素三个方面。

产品因素是指影响销售渠道选择的产品单价、体积、重量、技术性、易毁性与易腐性、通用性与专用性、新产品和时效性等因素。

市场是进行商品买卖的场所。选择商品销售渠道，就必须充分考虑到市场的诸多因素。市场因素是指市场面积大小、购买数量、购买习惯、市场竞争和市场需求弹性等。

产品销售渠道的选择决策，仅仅考虑产品和市场因素是不够的，还必须考虑到企业内部环境因素。企业的经营规模、市场信誉及资金、产品组合、营销能力、销售服务和销售策略等因素，对产品销售渠道也有一定的制约作用。

2）选择分销渠道的步骤。一般来讲，要想设计一个有效的渠道系统，须经过如下步骤：确定渠道目标与限制；明确各种渠道方案；评估各种可能的渠道方案。

① 确定渠道目标与限制。有效的渠道设计，应以确定企业所要达到的目标市场为起点。从原则上讲，目标市场的选择并不是渠道设计的问题。然而事实上，市场选择与渠道选择是相互依存的。有利的市场加上有利的渠道，才可能使企业获得利润。渠道设计问题的中心环节，是确定达到目标市场的最佳途径。每一个生产者都必须在消费者、产品、中间商、竞争者、企业政策和环境等所形成的限制条件下，确定其渠道目标。

② 明确各种渠道方案。在研究了渠道的目标与限制之后，渠道设计的下一步工作，就是明确各种不同渠道的方案。渠道方案主要涉及以下四个基本因素：中间商的基本类型、每一分销层次所使用的中间商数目、各中间商的特定营销任务、生产者与中间商的交易条件以及相互责任。

③ 评估各种可能的渠道方案。每一个渠道方案都是企业产品送达最后消费者的可能路线。生产者所要解决的问题，就是选择最能满足企业长期目标的一种渠道方案。因此，企业必须对各种渠道方案进行评估。其评估标准有经济性、控制性和适应性三个方面。

首先，在三项评估标准中，经济性标准最为重要。因为企业是追求利润而不是追求渠道的控制性与适应性。假设某企业希望其产品在某一地区取得大批零售商的支持，现有两种方案可供选择：一是向该地区的营业处派出 10 名销售人员，除了付给他们基本工资外，还采取根据推销成绩付给佣金的鼓励措施；二是利用该地区制造商的销售代理商，该代理商已和零售店建立起密切的联系，并可派出 30 名推销员，推销员的报酬按佣金制支付。这两种方案可导致不同的销售收入和成本。判别一个方案好坏的标准，不应是其能否导致较高的销售额和较低的成本费用，而是能否取得最大利润。

其次，使用代理商无疑会增加控制上的问题。一个不容忽视的事实，代理商是一个独立的企业，所关心的是自己如何取得最大利润。代理商可能不愿与相邻地区同一委托人的代理商合作，它可能只注重访问那些与其推销产品有关的消费者，而忽略对委托人很重要的消费者。因此，代理商的推销员可能不去了解与委托人产品相关的技术细节，也很难认真对待委托人的促销数据和相关资料。

最后，在评估各渠道选择方案时，还有一项需要考虑的标准，那就是企业是否具有适应环境变化的能力，即应变力如何。每个渠道方案都会因某些固定期间的承诺而失去弹性。当某一制造商决定利用销售代理商推销产品时，可能要签订五年的合同。在这段时间内，即使采用其他销售方式会更有效，但制造商也不得任意取消销售代理商。所以，一个涉及长期承诺的渠道方案，只有在经济性和控制性方面都很适宜的条件下才可以考虑。

4. 促销策略

促销是企业通过人员和非人员的方式，沟通企业与消费者之间的信息，引发和刺激消费者需求，从而促使消费者购买的活动。

促销首先要通过一定的方法进行。一般来说，促销方式有人员促销和非人员促销两种类型。非人员促销又包括广告、公共关系和营业推广三个方面。促销方式的选择运用，是确定促销策略过程中，需要认真考虑的重要问题。促销策略的实施，事实上也是各种促销方式的具体运作。

促销的实质是要达成企业与消费者买卖双方的信息沟通。企业作为商品的供应者或卖方，面对广泛的消费者，需要把有关企业自身及所生产产品和劳务信息传达给消费者，使他们充分了解企业及其产品、劳务的性能、特征和价格等，借以进行判断和选择。这种由卖方向买方的信息传递，是买方得以做出购买行为的基本前提。另外，作为买方的消费者，也把对企业及产品、劳务的认识和需求动向反馈到卖方，促使卖方根据市场需求进行生产。这种由买方向卖方的信息传递，是卖方得以适应市场需求的重要前提。可见，促销的实质是卖方与买方的信息沟通，这种沟通不是单向式沟通，而是一种由卖方到买方和由买方到卖方的不断循环的双向式沟通，如图9-2所示。

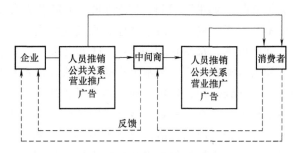

图 9-2 交易双方信息沟通

通过促销活动，不仅帮助或说服潜在顾客购买，而且更刺激了消费需求的产生。现代市场营销所需要的，不仅是开发价廉物美的产品，方便消费者购买，而且要有高效率的促销活动与之相配合。

（1）促销组合 它是指企业有计划、有目的地把人员推销、广告、公共关系和营业推广等促销形式进行适当配合和综合运用，形成一个完整的促销系统。

促销组合是市场营销组合的第二个层次。促销方式分为人员推销、广告、公共关系及营业推广，四种方式或手段各有长处和短处，促销的重点在不同时期、不同商品上也有区别。因此，在实际的策划过程中，就需要根据企业现实要求，对四种促销方式进行适当选择，综合编配，形成不同的促销组合。

（2）促销的基本策略 不同的促销组合，形成不同的促销策略，如以人员推销为主体的促销策略、以广告为主体的促销策略等。而在以某一种促销方式的促销组合中，又因其市场竞争、企业性质、产品特点和促销目标等诸多条件制约，组合的因素也有轻重缓急之分，进而形成特点各异、样式丰富的促销策略。但是，如果从促销活动运作的方向来区分，则所有这些促销策略都可以归纳为推动策略和拉引策略两种基本类型。

推动策略是通过人员推销方式为主的促销组合，把商品推向市场的促销策略。推动策略的目的，在于说服中间商和消费者，使他们接受企业的产品，从而让商品一层一层地渗透到分销渠道中，最终抵达消费者。

拉引策略是通过以广告方式为主的促销组合，把消费者吸引到企业特定的产品上来的促销策略。拉引策略的目的，在于引起消费者的消费欲望，激发购买动机，从而增加分销渠道的压力，使消费需求和购买指向一层一层地传递到企业。

推动策略和拉引策略都包含了企业与消费者双方的能动作用。但前者的重心在推动，着重强调企业的能动性，表明消费需求是可以通过企业的积极促销而被激发和创造的；而后者的重心在拉引，着重强调消费者的能动性，表明消费需求是决定生产的基本原因。企业的促销活动，必须顺应消费需求，符合购买指向，才能取得事半功倍的效果。

企业经营过程中要根据客观实际的需要，综合运用上述两种基本的促销策略。

9.2.3 产品市场营销策略案例

1. 案例介绍

橘子皮,中医称其为"陈皮"。罐头厂不生产中药,百货公司的食品部也不卖中药。但汕头某罐头厂在北京王府井百货大楼,竟把橘子皮卖出了33块钱一斤的价格!这事谁听谁都觉得有些"邪乎",可你抽空到北京王府井百货大楼食品部看一看,就会发现这是真的。身价不凡的橘子皮,堂而皇之地躺在玻璃柜台上,每大盒内装15g包装的10小盒,每盒10元,如此折算,每500g售价高达33元之多。

汕头这家食品厂,原本生产橘子罐头,以前鲜橘装瓶后,橘子皮就被送进药材收购站,价格是几分钱一斤,近年来加工橘子罐头的多了,橘子皮几分钱一斤也卖不出去,于是他们在橘子皮上打主意——难道橘子皮除了晾干后入中药之外,就没别的用途吗?他们组织人力开发研究其新的使用价值,终于开发出了一种叫"珍珠陈皮"的小食品。但是产品开发出来了,要以什么样的价格将其投放市场?他们进行了市场分析评估:

1)这种小食品的"上帝"多为妇女和儿童,城市的女孩和儿童多有吃小食品的习惯。

2)城市妇女既爱吃小食品又追求苗条和美容,但惧怕肥胖;女孩子视吃小食品为一种时髦。

3)儿童喜欢吃小食品,家长也从不吝惜花钱,但又担心小孩过胖。

4)珍珠陈皮的配料采用橘皮、珍珠、钛糖和食盐,经加工后味道很好,食后还有保持面部红润和身材苗条的功能,由于用袋装小包装,吃起来也很方便。

5)当前市场上很少有同类产品。

于是这种小食品采用高价策略进入了市场。一斤橘子皮卖33元钱,就是那些领新潮消费之先的年轻女士也称太贵。可是,当她们买了尝过之后,又介绍给别人去买去尝,儿童们更是口手不离。于是33元钱一斤的橘子皮,真的成了"挡不住的诱惑",诱得求购者纷至沓来。亚运会期间,北京展览馆亚运购物中心举办的商品展销,评定出的单项商品销售冠军,竟然就是这33元钱一斤的"橘子皮"——珍珠陈皮。

美国有一位名叫雷诺兹的企业家,在1946年6月,他到阿根廷谈生意时,发现了圆珠笔。其实,圆珠笔的原始设计早在1888年就已问世,只是没有形成批量生产,不为世人所知罢了。

雷诺兹认为圆珠笔具有广阔的市场前景,立即赶回国内,与人合作,不分昼夜地研究改进,只用了一个多月的时间,就拿出了自己的样品,并巧妙地利用了当时人们原子热的情绪,取名为"原子笔"。之后,他立即拿着仅有的一个样品来到纽约的金贝尔百货公司,向公司主管们展示这种原子时代的奇妙笔的不凡之处:"可以在水中写字,也可以在高海拔地区写字。"这些都是雷诺兹根据圆珠笔的特点和美国人追新求异的性格,精心制定的促销策略。金贝尔百货公司老板被这支奇妙的笔打动了,拍板订购了2500支,并同意采用雷诺兹的促销口号作为广告。

当时,这种圆珠笔的生产成本仅0.50美元。但雷诺兹认为,这种产品在美国是第一次出现,奇货可居,尚无竞争者,就果断地将价格定在了12.50美元,零售商又以每支20多美元的价格卖给消费者。雷诺兹认为,只有这样的价格才能显出这种笔的非凡之处,配得上"原子笔"的名称。尽管价格如此高昂,这种圆珠笔却在一段时间以其新颖、奇特和高贵的形象而风靡美国，在市场上十分畅销。金贝尔百货公司每次销售这种笔时，竟出现了几千人争购"奇妙笔"的壮观场面。订单像雪片般飞向雷诺兹的公司。短短半年，不仅收回了生产圆珠笔所投入的2.6万美元资本，还获得了155万美元的税后利润。后来，其他厂家蜂拥而上，产品成本下降到0.10美元一支，零售价也卖到0.70美元，但雷诺兹已经是大大地赚了一把。

2. 案例分析

珍珠陈皮和"原子笔"的定价采用的是高价策略，这一策略是明智的。第一，由于产品新，即使价格高，也能吸引不少消费者。第二，攻心赢得高价。珍珠陈皮的配方和定价、"原子笔"的起名和促销手段迎合了消费者的心理，为高价策略的实施奠定了基础。第三，抓住了独占市场的良机。企业率先开发了这种新产品，市场上还没有竞争者，实行高价策略不至于把顾客赶到竞争者那边去。第四，产品的生命周期短，有必要采取高价策略。

9.3 企业制定五年规划

9.3.1 企业战略与规划

企业战略是企业以未来为基点，在分析外部环境和内部条件的现状及其变化趋势的基础上，为了求得生存和发展而做出的长期性和全局性规划，以及为了实现愿景规划所采取的竞争对策和行动方式。

从战略实施的时间长短来看，一般5~10以上的发展规划，称为长期战略规划。它是企业的愿景，是企业核心领导人的价值观念和理想抱负的体现，以及企业所从事行业的背景情况。一般3~5年的发展规划，称为中期战略规划，它是很快就要面对的发展方向。中期战略规划制定的依据是企业领导人对企业经营发展的总体思路设想，以及结合市场状况和企业实际运营情况的真实判断。一般3年以内的发展实施规划，称为短期战略规划，它是企业制订年度经营计划和其他短期经营计划的主要依据。短期战略规划制定的主要依据是企业近几年的经营状况、市场竞争情况，以及企业的中长期战略规划。

企业的发展方向、产品的市场定位以及多元化发展的业务扩展，都依赖于企业发展规划的制定。只有明确企业发展的主要工作和目标，企业的生产才会向巩固企业已有的主要业务、培育其他有前景的业务能力方向发展。企业也可以利用发展规划的制定，来强调未来发展的具体要求，以及凸现企业可持续发展的必要性，使现有的各种资源得到合理有效的配置，建立起完善的现代管理体制。在企业的生产过程中，还应该根据企业发展的变化，根据新出现的问题和当前形势修改发展规划，制定出适应当前经济发展形势快速变化的具体措施。

9.3.2 企业五年规划的内容

企业制定的五年规划属于企业的中长期战略规划，一般包括如下内容：

1. 企业愿景与使命

企业愿景，也称企业远景，是指企业长期的发展方向、目的、目标、自我设定的社会责任和义务，明确界定企业在未来发展环境中的形象与定位。企业愿景多是从企业对社会的影响力、贡献力、在市场或行业中的排位、与企业关联群体之间的经济关系进行描述的。企业愿景主要考虑的是，如何通过企业对未来的承诺，对与企业有投入或产出等经济利益关系的群体产生激励与导向作用，让直接对企业有资金投入的群体（股东）、有智慧和热情投入的群体（员工）、有资源投入的机构（社区）等产生长期的期望和现实的行动，通过企业履行使命和实现社会价值的同时，实现这些群体的利益。

企业愿景要明确企业的核心理念、选择企业的发展路径和使用激励性语言。愿景必须建立在对组织的各项活动和组织文化了解的基础上，对雇员的深层需求和价值观有足够的敏感。一个成功的愿景不应该是由公式生成的，而应该是经验、个人兴趣、直觉和作为"机会之窗"的环境共同造就的产物。

企业使命是指企业作为社会中的一种经营组织，它所应当完成的任务、达到的目的和承担的责任，以及企业的方向。企业使命由企业存在的目的、企业经营哲学以及企业形象等三部分构成。

企业要制定正确的经营战略，仅仅有明确的企业使命和企业宗旨还不够，还必须把使命转化为企业目标。企业宗旨和企业使命比较抽象，制定企业目标的作用就是将其具体化。一般来说，企业的目标由四个部分组成：一是目的，这是企业期望实现的标志；二是衡量实现目的的指标；三是企业应该实现的指标，或者企业希望越过的障碍；四是企业实现指标或越过障碍的时间表。无论怎样，目的和目标是相互一致、互相支持的。目的必须根据已经确定的使命来制定，而目标则必须支持企业已经确定的目的。

2. 企业内外部环境分析

企业内部环境分析，是通过研究影响企业竞争力的一些内部因素，为战略制定指明方向。提出战略要解决的问题，从而为构建竞争优势奠定坚实的基础。企业作为一个动态的复杂系统，企业内部环境分析的内容包括组织结构、企业文化、资源条件、价值链、核心能力分析和SWOT（S代表strength优势，W代表weakness弱势，O代表opportunity机会，T代表threat威胁）分析等。按照企业的成长过程，企业内部环境分析又分为企业成长阶段分析、企业历史分析和企业现状分析等。

企业内部环境分析的目的在于掌握企业历史和现状，明确企业所具有的优势和劣势。它有助于企业制定有针对性的战略，有效地利用自身资源，发挥企业的优势，同时避免企业的劣势，或采取积极的态度改进企业劣势。扬长避短，更有助于百战不殆。

任何一个企业都不是独立存在的，必定要与周围的环境发生这样或那样的联系，企业的生存和发展都要受到其所处环境的影响和制约。企业的外部环境因素是指存在于企业外部的、影响企业经营活动及其发展的各种客观因素与力量的总和。

企业外部环境又分为宏观环境和微观环境两个层次。宏观环境因素包括：政治环境、经济环境、技术环境和社会文化环境。这些因素对企业及其微观环境的影响力较大，一般都是通过微观环境对企业间接产生影响的。微观环境因素，包括市场需求、竞争环境和资源环境等，涉及行业性质、竞争者状况、消费者、供应商、中间商及其他社会利益集团等多种因素，这些因素会直接影响企业的生产经营活动。企业战略管理是在深远和全面的范围内，识别对企业具有决定胜负的因素和问题，并做出正确的应对。在这些决定胜负的因素中，外部环境无疑是最重要的方面。对企业而言，外部环境的绝大部分因素是无法控制、难以左右的，是必须去适应的因素。战略的本质在于适应，这种适应在很大程度上是对外部环境的适应。

3. 企业规划的制定与实施

根据企业的目标和综合分析，按照一定的程序和方法，为企业选择适宜的五年规划。在制定规划过程中，当然是可供选择的方案比较多，企业可以从对企业整体目标的保障、对中下层管理人员积极性的发挥以及企业各部门战略方案的协调等多个角度考虑，选择自上而下的方法、自下而上的方法、上下结合的方法或战略小组的方法来制定规划方案。

企业的五年规划，其意义在于规定了企业在一定时期内基本的发展目标，以及实现这一目标的基本途径，指导和激励着企业全体员工为实现企业经营战略目标而努力。因此，企业规划的制定必须从现实的主观因素和客观条件出发，考虑的不是企业经营管理中一时一事的得失，而是企业在未来相当长一段时期内的总体发展问题。

企业五年规划要有清晰的目标及具体的实施步骤，且具有可操作性，如产值规划、产品规划、市场规划、品质规划、技术改造规划和人力资源规划等。根据企业的性质，会有不同的侧重点。而且企业组织机构的设置、人财物等资源的配置、管理方法与手段的选择等都需要围绕企业规划来进行。

4. 企业规划的保障与控制

企业的五年规划要考虑规划能顺利实施的保障措施和控制方式。

企业规划要得以有效地实施，要立足其自身实际，从管理、制度、技术、人才和组织等方面采取积极有效的措施，为规划的有效实施创造条件和支持，从各方面提供先决条件和对发展有利的优势条件，为规划的有效实施提供前提保障。

一个非常合理适当的企业规划，在实际工作中实施结果并不一定与预定的战略目标总是相一致，会由于内外部环境发生了新的变化、企业规划本身有缺陷等各种原因而导致实施的结果偏离预定的规划目标。如果不及时采取措施加以纠正，企业的规划目标就无法顺利实现。要使企业规划能够不断顺应变化着的内外环境，除了使战略决策具有应变性外，还必须加强对规划实施的控制。一般进行控制的主要内容有：

（1）设定绩效标准　根据企业战略目标，结合企业内部人力、物力、财力及信息等具体条件，确定企业绩效标准，作为战略控制的参照系。

（2）绩效监控与偏差评估　通过一定的测量方式、手段和方法，监测企业的实际绩效，并将企业的实际绩效与标准绩效对比，进行偏差分析与评估。

（3）设计并采取纠正偏差的措施　它是顺应变化着的条件，保证企业战略的圆满实施。

（4）监控外部环境的关键因素　外部环境的关键因素是企业战略赖以存在的基础，这些外部环境关键因素的变化，意味着战略前提条件的变动，必须给予充分的注意。

（5）激励战略控制的执行主体　它的目的是调动执行主体自控制与自评价的积极性，以保证企业战略实施的切实有效。

控制的方式从时间来分，有事前控制、事后控制和随时控制三种类型，在企业经营过程中，它们是被随时采用的。从控制主体的状态来分，有避免型控制和开关型控制。避免型控制即采用适当的手段，使不适当的行为没有产生的机会，从而达到不需要控制的目的；开关型控制又称为事中控制或行与不行的控制，其原理是在战略实施的过程中，按照既定的标准检查战略行动，确定行与不行，类似于开关的开与关。从控制的切入点来分，有财务控制、生产控制、销售规模控制、质量控制和成本控制五种类型。

参考文献

[1] 檀润华. 创新设计——TRIZ：发明问题解决理论 [M]. 北京：机械工业出版社，2002.

[2] 黑龙江省科学技术厅. TRIZ 理论入门导读 [M]. 哈尔滨：黑龙江科学技术出版社，2007.

[3] 赵锋. TRIZ 理论及应用教程 [M]. 西安：西北工业大学出版社，2010.

[4] 王传友，欧阳怡山，王国江. 创新方法 TRIZ 解读 改进 补充 [M]. 西安：陕西科学技术出版社，2015.

[5] 成思源，周金平，郭钟宁. 技术创新方法——TRIZ 理论及应用 [M]. 北京：清华大学出版社，2016.

[6] 黄纯颖，高志，于晓红，等. 机械创新设计 [M]. 北京：高等教育出版社，2000

[7] 罗绍新. 机械创新设计 [M]. 2 版. 北京：机械工业出版社，2007.

[8] 符炜. 机械创新设计构思方法 [M]. 长沙：湖南科学技术出版社，2006.

[9] 张春林，李志香，赵自强. 机械创新设计 [M]. 3 版. 北京：机械工业出版社，2016.

[10] 王永强，任俊. 工科高校大学生创新能力培养途径的初步研究 [J]. 教育教学论坛，2012（28）：220-222.

[11] 刘美. 影响大学生创新能力的因素及创新能力培养途径 [J]. 长沙大学学报，2011，25（2）：130-132.

[12] 李静波. 机械类大学生创新能力培养方法及创新平台建设研究 [J]. 科技创新与应用，2013（10）：271.

[13] 赵文静. 机电产品技术创新的影响因素分析几优化 [D]. 济南：山东大学，2012.

[14] 于玲，向卉，晋强. 大众创业万众创新背景下大学生创新创业训练计划项目实施方案的探讨 [J]. 考试周刊，2016（79）：167-168.

[15] 宿春礼，H Fred. 全球顶级企业通用的 10 种企划管理方法 [M]. 北京：光明日报出版社，2003.

[16] 滑钧凯. 纺织产品开发学 [M]. 2 版. 北京：中国纺织出版社，2005.

[17] 黄斐. 产品战略与实现路径 [J]. 工程机械与维修，2014（4）：87-88.

[18] 黎开莉，徐大佑. 市场营销学 [M]. 大连：东北财经大学出版社，2009.

[19] 王文华. 市场营销学 [M]. 北京：中国财富出版社，2010.

[20] 郑屹立. 市场营销 [M]. 北京：北京理工大学出版社，2015.

[21] 何彪. 企业战略管理 [M]. 武汉：华中科技大学出版社，2008.

[22] 朱华，窦坤芳. 市场营销案例精选精析 [M]. 北京：经济管理出版社，2003.